21 世纪高等职业教育计算机系列规划教材

Dreamweaver CS4 动态网页制作实用教程

罗保山　吴煜煌　主　编

周　雯　陆　军　张焕国　副主编

万　钢　主　审

电子工业出版社.

Publishing House of Electronics Industry

北京·BEIJING

内 容 简 介

本书共分 11 章。第 1 章讲述 Dreamweaver CS4 的界面及基本操作；第 2 章讲述用 Dreamweaver CS4 制作简单网页的方法；第 3 章讲述表格的应用；第 4 章讲述框架和 AP 元素的基本知识；第 5 章讲述用 CSS 对页面进行布局的方法；第 6 章讲述 JavaScript 的基础知识和 Dreamweaver CS4 的内置行为；第 7 章至第 10 章主要讲述动态网站开发的相关知识和操作；第 11 章为新闻发布系统。全书各个章节均有相关案例，以达到巩固基础知识和培养实际开发能力的目的。

本书以工作过程为导向，每章内容均有具体项目，知识点与实际操作相结合。针对初学者，分单元讲解 Dreamweaver CS4 软件的使用及网页制作知识，用任务进行驱动，所讲内容循序渐进，所含案例丰富详尽，每章后配有思考和实训题。为了方便教学，本书配有电子课件，相关教学资源请登录 www.huaxin.edu.cn 或 www.hxedu.com.cn 免费下载。本书适宜作为高等职业院校计算机及相关专业教材或教辅，也可作为专科院校、成人教育等相关专业学生的教材或参考书，同时还适宜作为计算机培训及自学用书。

图书在版编目（CIP）数据

Dreamweaver CS4 动态网页制作实用教程 / 罗保山，吴煜煌主编. —北京：电子工业出版社，2009.8
（21 世纪高等职业教育计算机系列规划教材）
ISBN 978-7-121-09223-7

I. D… II. ①罗…②吴… III. 主页制作—图形软件，Dreamweaver CS4—高等学校：技术学校—教材
IV. TP393.092

中国版本图书馆 CIP 数据核字（2009）第 114725 号

策划编辑：徐建军
责任编辑：徐 磊
印　　刷：北京市顺义兴华印刷厂
装　　订：三河市双峰印刷装订有限公司
出版发行：电子工业出版社
　　　　　北京市海淀区万寿路 173 信箱　邮编 100036
开　　本：787×1 092　1/16　印张：16.75　字数：428.8 千字
印　　次：2009 年 8 月第 1 次印刷
印　　数：4 000 册　　定价：28.00 元

凡所购买电子工业出版社图书有缺损问题，请向购买书店调换。若书店售缺，请与本社发行部联系，联系及邮购电话：（010）88254888。

质量投诉请发邮件至 zlts@phei.com.cn，盗版侵权举报请发邮件至 dbqq@phei.com.cn。

服务热线：（010）88258888。

前　　言

Dreamweaver CS4 是 Adobe 公司推出的最新网页设计软件，它的界面几乎是做了一次脱胎换骨的改进，相对于老版本的 Dreamweaver，Dreamweaver CS4 还新增了许多新功能，如实时视图新增功能、针对 Ajax 和 JavaScript 框架的代码提示新增功能、相关文件新增功能、CSS 最佳做法新增功能等。正因为如此，它成为了 IT 行业中网页制作专业人员的首选网页设计软件。

本教程主要针对高职高专计算机专业的学生编写。根据以学生兴趣为先导、以培养职业能力为核心的编写原则，从实际需要出发，采用以工作实践为主线，以工作过程（项目）为导向，用任务驱动的方法来安排全书的整体结构。先介绍 Dreamweaver CS4 的基本操作和新增功能，再引入网页制作的基础知识，由浅入深地介绍用文字、图像、链接创建一般网页的方法，表格、框架和 AP 元素、CSS 样式在页面布局方面的优势，交互式表单的创建和使用，在引领学生掌握基本的静态网页制作方法后，又介绍了动态网页的开发方法。

本书是编者在多年的教学实践和科学研究的基础上，参阅了大量国内外 Dreamweaver 教材后，几经修改而成。其特点及主要编写思路如下：

1．具体章节均有教学提示和教学要求，能使学生在学习过程中明确学习目标、方便自学，也方便教师讲授。

2．每个章节知识点均结合实际项目编写，使学生能更加容易理解相应的知识，避免了枯燥的理论学习，有利于提高学习兴趣。

3．章节末尾都有一个结合该章知识点的综合训练项目。综合训练项目都配有详细的操作步骤，可使学生边学边练，灵活运用所学章节知识。

4．课后习题分选择题、填空题和操作题，可通过练习巩固章节所学知识点。

本课程先修内容为：计算机应用基础、程序设计基础等。

本书共分 11 章，第 1 章讲述 Dreamweaver CS4 的界面及基本操作；第 2 章讲述用 Dreamweaver CS4 制作简单网页的方法；第 3 章讲述表格的应用；第 4 章讲述框架和 AP 元素的基本知识；第 5 章讲述用 CSS 对页面进行布局的方法；第 6 章讲述 JavaScript 的基础知识和 Dreamweaver CS4 的内置行为；第 7 章至第 10 章主要讲述动态网站开发的相关知识和操作；第 11 章为新闻发布系统。

本书由罗保山、吴煜煌担任主编，周雯、陆军、张焕国担任副主编，万钢担任主审，尹江山、李菲、刘志亮参加了编写。

由于时间仓促，加之编者水平有限，书中不妥或错误之处在所难免，殷切希望广大读者批评指正。同时，恳请读者一旦发现错误，于百忙之中及时与编者联系，以便尽快更正，编者将不胜感激，E-mail：lbsh_1@163.com。

为了方便教学，本书配有电子课件，相关教学资源请登录 www.huaxin.edu.cn 或 www.hxedu.com.cn 免费下载。

编　者

目　录

第 1 章　Dreamweaver CS4 界面及基本操作

教学提示：HTML 语言是任何高级网页制作技术的核心与基础，不管是 Web 页面的描述性语言，还是编写交互程序，都离不开 HTML 语言。CSS 是 Cascading Style Sheet 的缩写，即"层叠样式表"，它是第一个网页页面排版样式标准，现在也逐渐流行使用 CSS 和 Div 标签对网页布局。Dreamweaver CS4 是 Adobe 公司推出的最新网页设计软件，它既继承了老版本 Dreamweaver 的特点"所见即所得"，又新增了许多新功能，如实时视图功能、针对 Ajax 和 JavaScript 框架的代码提示功能、代码导航器功能等，能帮助网页设计人员更加方便、快捷地创作出非常专业的网页。

教学内容：本章将介绍 HTML、CSS 的基础知识，以及 Dreamweaver CS4 的基本操作。

1.1　HTML 基 础

1.1.1　HTML 概念

HTML（Hypertext Mark up Language）即超文本置标语言，是目前网络上应用最为广泛的语言，也是构成网页文档的主要语言。HTML 文本是由 HTML 命令组成的描述性文本，HTML 命令可以说明文字、图形、动画、声音、表格和链接等。HTML 是网络的通用语言，一种简单、通用的全置标语言。它允许网页制作人建立文本与图片相结合的复杂页面，这些页面可以被网上任何其他人浏览到，无论使用的是什么类型的计算机或浏览器。

HTML 的结构包括头部（Head）和主体（Body）两大部分，其中头部描述浏览器所需的信息，而主体则包含所要说明的具体内容。

1.1.2　HTML 源文件的基本结构

练习文件
第 1 章\1-1\1-1-1.html

目前有许多可以编辑网页的软件，但事实上，用文本编辑器就可以编写 HTML 文件。

（1）在文本编辑器中输入下面的内容。执行【文件】→【保存】命令，在弹出的对话框中选择要保存的路径，在【文件名】文本框中输入文件名"1-1-1.html"。

```
<html>
    <head>
        <title>网页标题</title>
    </head>
    <body>
        这是我第一个网页。
```

```
        </body>
    </html>
```

（2）双击这个文件，预览网页。

这个文件的第一个标签是<html>，这个标签告诉你的浏览器这是 HTML 文件的头。文件的最后一个标签是</html>，表示 HTML 文件到此结束。

在<head>和</head>之间的内容，是头部信息。头部信息是不显示出来的，在浏览器里看不到。但是这并不表示这些信息没有用处。比如，你可以在头信息里加上一些关键词，这可有助于搜索引擎搜索到你的网页。

在<title>和</title>之间的内容，是这个文件的标题，可以在浏览器最顶端的标题栏中看到这个标题。

在<body>和</body>之间的信息是正文。

HTML 文件看上去和一般文本类似，但是它比一般文本多了标签，如<html>、<body>等，通过这些标签，可以告诉浏览器如何显示这个文件。

可以在浏览器打开网页时，通过【查看】→【源文件】命令查看网页中的 HTML 代码，如图 1.1 所示。

图 1.1　查看页面的源代码

1.2　CSS 基础

1.2.1　CSS 概念

CSS 是 Cascading Style Sheets（层叠样式表）的简称，它是 W3C 组织制定的，用于控制网页样式的一种标记性语言。它包括 CSS1 和 CSS2 两个部分，其中 CSS2 是 1998 年 5 月发布的，包含了 CSS1 的内容，也是现在通用的标准。

CSS 是一种标记语言，不需要编译，可以直接由浏览器执行（属于浏览器解释型语言）。在标准网页设计中 CSS 负责网页内容的表现。可以通过简单地更改 CSS 文件，改变网页的整体表现形式，从而减少设计人员的工作量。所以它是每一个网页设计人员的必修课。CSS 文件必须使用.css 为文件名后缀。

1.2.2　CSS 的作用

　　样式表的主要作用是用来定义元素的显示效果。其中包括定义元素的大小、边框、边界、补白和背景等。同时，样式表还可以定义元素内部文本的显示效果，包括字体的选择、字体的大小、字体的样式、行高和缩进等，如图 1.2 所示。除此之外，使用样式表还可以定义元素的显示位置、浮动效果，以及链接内容的显示效果等。使用样式表可以完成文档中所有内容的布局和修饰效果。

图 1.2　CSS 设置的文字效果

1.3　Dreamweaver CS4 界面

　　安装好 Dreamweaver CS4 软件后，双击运行程序图标（或者从 Windows【开始】菜单的【所有程序】中选择【Dreamweaver CS4】）运行 Dreamweaver CS4 程序，程序运行后的显示效果如图 1.3 所示。

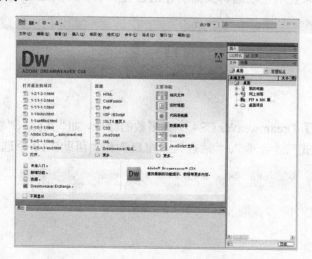

图 1.3　Dreamweaver CS4 界面的默认显示效果

1.3.1　界面布局概述

Dreamweaver CS4 提供了一个将全部元素置于一个窗口中的集成布局。如图 1.4 所示，A 为应用程序栏，B 为文档工具栏，C 为文档窗口，D 为工作区切换器，E 为面板组，F 为标签选择器，G 为属性检查器，H 为文件面板。

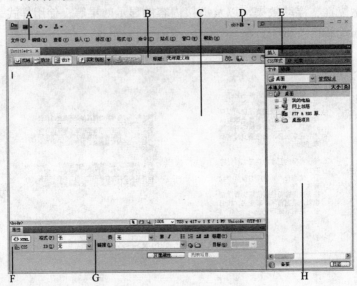

图 1.4　界面布局概述

1.3.2　标题栏

标题栏主要用来显示正在编辑页面所在的位置和名称，其显示效果如图 1.5 所示。

图 1.5　标题栏

1.3.3　菜单栏

菜单栏中包含了 Dreamweaver CS4 中大多数的命令，如"文件"、"编辑"、"查看"、"插入"、"修改"、"格式"、"命令"、"站点"、"窗口"和"帮助"10 个选项，如图 1.6 所示。

图 1.6　菜单栏

1.3.4　工具栏

工具栏包括文档工具栏、标准工具栏和编码工具栏，如图 1.7 所示。

通过【查看】→【工具栏】→【文档】菜单命令，可打开文档工具栏。文档工具栏包含一些按钮，它们可提供各种"文档"窗口视图（如"设计"视图和"代码"视图）的选项、各种查看选项和一些常用操作（如在浏览器中预览）。

通过【查看】→【工具栏】→【标准】菜单命令，可打开标准工具栏。标准工具栏在默认工作区布局中不显示，它包含一些按钮，可执行【文件】和【编辑】菜单中的常见操作，如"新建"、"打开"、"在 Bridge 中浏览"、"保存"、"全部保存"、"打印代码"、"剪切"、"复制"、"粘贴"、"撤销"和"重做"。

通过【查看】→【工具栏】→【编码】菜单命令，可打开编码工具栏。编码工具栏仅在"代码"视图中显示，包含可用于执行多项标准编码操作的按钮。

图 1.7　工具栏

1.3.5　文档窗口

文档窗口用来显示当前文档。在文档窗口中，可以使用 4 种方式显示文档内容，分别是"设计"视图、"代码"视图、"拆分"视图和"实时"视图。下面分别进行介绍。

1．"设计"视图

用于可视化页面布局、可视化编辑和快速应用程序开发的设计环境，如图 1.8 所示。

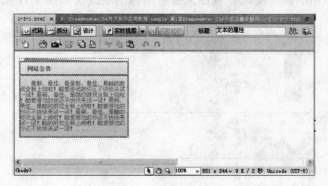

图 1.8　"设计"视图

2．"代码"视图

用于编写和编辑 HTML、JavaScript 和服务器语言代码（如 PHP）的手工编码环境，如图 1.9 所示。

3．"拆分"视图

可以在一个窗口中同时看到同一文档的"代码"视图和"设计"视图，如图 1.10 所示。

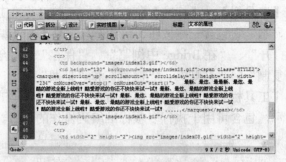

图 1.9 "代码"视图

图 1.10 "拆分"视图

4．"实时"视图

与"设计"视图类似，"实时"视图能更逼真地显示文档在浏览器中的表示形式，并使用户能够像在浏览器中那样与文档交互。"实时"视图不可编辑。不过，可以在"代码"视图中进行编辑，然后刷新"实时"视图来查看所做的更改，如图 1.11 所示。

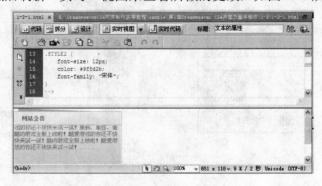

图 1.11 "实时"视图

1.3.6 属性面板

属性面板可以检查和编辑当前选定的页面元素（如文本和插入的对象）的最常用属性。

根据选定的元素，属性面板中显示的属性会有所区别。例如，如果选择页面上的一个表格，则属性面板将改为显示该表格的属性（如表格的行、列数和宽度等），如图 1.12 所示。

图 1.12　"属性"面板

1.3.7　插入面板

插入面板用来插入各种常用对象和布局对象。根据选择的选项不同，在插入面板中显示的内容也有所区别。选择"常用"和"布局"选项时，插入面板的显示效果如图 1.13 和图 1.14 所示。

图 1.13　选择"常用"选项时的插入面板　　　　图 1.14　选择"布局"选项时的插入面板

1.3.8　文件面板

文件面板可查看和管理 Dreamweaver 站点中的文件，如图 1.15 所示。

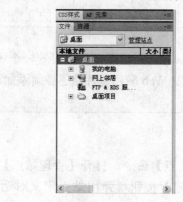

图 1.15　"文件"面板

1.3.9　CSS 样式面板

使用 CSS 样式面板可以显示当前所选页面元素的 CSS 规则和属性（"正在"模式），或影响整个文档的规则和属性（"全部"模式）。使用 CSS 样式面板顶部的切换按钮可以在两种模式之间切换。

在"正在"模式下，CSS 样式面板将显示三个面板："所选内容的摘要"，显示文档中当前所选内容的 CSS 属性；"关于"，显示所选属性的位置；"属性"，它允许用户编辑所选内容的 CSS 属性，如图 1.16 所示。

在"全部"模式下，CSS 样式面板显示两个面板："所有规则"和"属性"。"所有规则"，显示当前文档中定义的规则，以及附加到当前文档的样式表中定义的所有规则的列表；"属性"可以编辑"所有规则"中任何所选规则的 CSS 属性，如图 1.17 所示。

对"属性"所做的任何更改都将立即应用到文档中，这使用户可以在操作的同时预览效果。

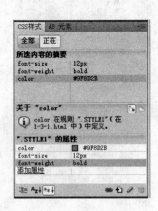

图 1.16　CSS 样式面板"正在"模式　　　　图 1.17　CSS 样式面板"全部"模式

1.4　站点的基本操作

在 Dreamweaver 中，"站点"指属于某个 Web 站点的文档的本地或远程存储位置。

> **注意**
> 　　若要定义 Dreamweaver 站点，只需设置一个本地文件夹。若要向 Web 服务器传输文件或开发 Web 应用程序，还必须添加远程站点和测试服务器信息。

1.4.1　新建站点

（1）选择【站点】→【管理站点】命令，打开【管理站点】对话框，如图 1.18 所示。

（2）在对话框中，单击【新建】按钮，弹出站点定义对话框，此时填入"1-4"，如图 1.19 所示。

图 1.18　【管理站点】对话框　　　　　　图 1.19　"站点定义"对话框

（3）完成后，单击【下一步】按钮，进入"编辑文件，第 2 部分"。这一步可以选择要使用的服务器技术，如 ASP JavaScript、ASP VBScript、ASP.NET C#、ASP.NET VB、ColdFusion、JSP、PHP MySQL。如果新建的是静态站点，则选择"否，我不想使用服务器技术"选项，如图 1.20 所示。

图 1.20　选择是否使用服务器技术

注意

从 Dreamweaver CS4 开始，Dreamweaver 将不再安装 ASP.NET 或 JSP 服务器。如果用户使用的是 ASP.NET 或 JSP 页，Dreamweaver 对这些页面仍将支持实时模式、代码颜色和代码提示。用户无需在"站点定义"对话框中选择 ASP.NET 或 JSP 即可使用这些功能。

（4）单击【下一步】按钮，进入"编辑文件，第 3 部分"。在这一步，可以设置该站点的编辑方式。大多数情况下，都是在本地站点中编辑网页，再通过 FTP 上传到远程服务器，这里选择"编辑我的计算机上的本地副本，完成后再上传到服务器（推荐）"选项。有时，会直接用 Dreamweaver CS4 在服务器上编辑网页，这时应该选择"使用本地网络直接在服务器上进行编辑"选项。"您将把文件存储在计算机上的什么位置"文本框，可用来设置本地站点文件夹的地址，如图 1.21 所示。

图 1.21　选择编辑方式

（5）单击【下一步】按钮，进入"共享文件"。在这一步，可以在"您如何连接到远程服务器"下拉列表框中设置访问方式。如图 1.22 所示，有 6 种方式。

图 1.22　选择连接远程服务器的方式

- 【无】：表示不希望将站点上传到服务器。
- 【FTP】：表示使用 FTP 连接到 Web 服务器。
- 【本地/网络】：表示在访问网络文件夹或在本地计算机上存储文件或运行测试服务器时使用此设置。
- 【WebDAV】：即基于 Web 的分布式创作和版本控制，对于这种访问方法，必须有支持此协议的服务器，如 Microsoft Internet Information Server (IIS) 5.0，或安装正确配置的 Apache Web 服务器。

- 【RDS】：即远程开发服务，如果使用 RDS 连接到 Web 服务器，请使用此设置。对于这种访问方法，远程文件夹必须位于运行 Adobe® ColdFusion®的计算机上。
- 【Microsoft Visual SourceSafe(R)】：只有 Windows 支持此方法，要使用此方法，必须安装 Microsoft Visual SourceSafe Client 第 6 版。

（6）单击【下一步】按钮，进入最后一步设置，如图 1.23 所示。在对话框中列出了刚才设置的所有主要内容。此时，如果核对无误，单击【完成】按钮，即可结束设置。

（7）【管理站点】对话框出现刚刚创建的站点，如图 1.24 所示。

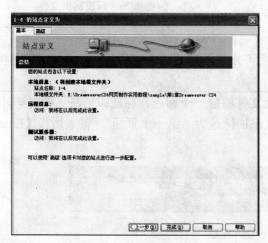

图 1.23　设置完成

图 1.24　新建的站点

1.4.2　管理站点

在【管理站点】对话框中选择已创建的站点，单击【编辑】按钮，弹出【定义站点】对话框，此时可以对这个站点重新编辑。单击【复制】按钮，将复制这个站点，单击【删除】按钮将从 Dreamweaver CS4 中删除这个站点。

1.5　创建和管理文件

1.5.1　创建、打开和保存文档

（1）在 Dreamweaver CS4 窗口中，打开【文件】菜单，选择【新建】命令，弹出【新建文档】对话框，如图 1.25 所示。

（2）选择【页面类型】为【HTML】，【布局】的选择和使用，请参考本书的第 5 章，这里选择【无】。然后单击对话框右下角的【创建】按钮，就成功创建了一个网页文件，如图 1.26 所示。

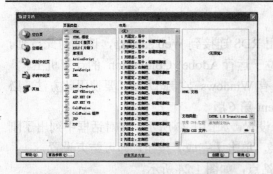

图 1.25　【新建文档】对话框　　　　　　　　　　图 1.26　新建网页文件

注意

　　使用"HTML 模板"选项可依照已有的模板来新建一个文件，请参考"模板"的相关资料。

（3）新建网页文件后，首先给这个网页文件添加一个标题。标题即当网页被浏览时，显示在浏览器左上角标题栏内的名字。这里添加标题为"第一个页面"，输入后按【Enter】键即可，如图 1.27 所示。

图 1.27　输入标题

（4）打开【文件】菜单，选择【保存】命令，弹出【另存为】对话框，如图 1.28 所示。

（5）如果希望预览页面效果，可以直接按下【F12】快捷键进行预览，系统会打开浏览器显示刚才的页面，如图 1.29 所示。

图 1.28　【另存为】对话框　　　　　　　　　　图 1.29　预览效果

（6）Dreamweaver CS4 可打开静态、动态，以及相关的网页文件。打开【文件】菜单，选择【打开】命令，弹出【打开】对话框，如图 1.30 所示。

（7）在【打开】对话框中选择要打开的文件，单击【打开】按钮，即可打开这个文件，如图 1.31 所示。

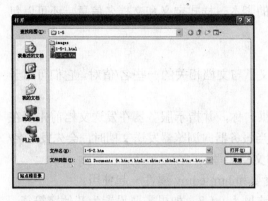

图 1.30　【打开】对话框

图 1.31　打开的页面

1.5.2　HTML 整体结构标签

在 Dreamweaver CS4 窗口中，打开 1-5-1.html 文件，切换到【代码】视图，查看空白页面的源代码。

```
<!DOCTYPE html PUBLIC "-//W3C//DTD XHTML 1.0 Transitional//EN" "http://www.w3.org/TR/xhtml1/DTD/xhtml1-transitional.dtd">
<html xmlns="http://www.w3.org/1999/xhtml">
<head>
<meta http-equiv="Content-Type" content="text/html; charset=utf-8" />
<title>第一个页面</title>
</head>
<body>
</body>
</html>
```

下面就依次来看一下这些组成基本结构的标签，包括<!DOCTYPE>、<html>、<head>、<meta>、<title>、<body>等。

1．<!DOCTYPE>标签

DOCTYPE 是 document type（文档类型）的简写，用来说明文档遵循的 XHTML 或者 HTML 的版本。其中的 DTD 是文档类型定义，里面包含了文档的规则，浏览器就根据定义的 DTD 来解释页面的标识，并展现出来。"XHTML 1.0 Transitional/" 是过渡的、要求非常宽松的 DTD，它允许用户继续使用 HTML 4.01 的标识（但是要符合 XHTML 的写法，用户可查阅相关的 XHTML 代码要求）。

这段代码表明，文档将遵从由万维网联盟（World Wide Web，W3C）定义的 XHTML 1.0 的过渡 DTD。

2．<html>标签

<html>标签表示该文档为 HTML 文档。

3．<head>标签

<head>标签中包含文档的标题、文档使用的脚本、样式定义和文档名信息，还可以包括搜索引擎所需要的信息标签。

4．<meta>标签

<meta>标签放置在文档<head>标签中，定义了与文档相关的一些名/值对。它们可用于定义文档的内容类型。

这段代码中，http-equiv 属性为名/值对提供名称，并指示服务器在发送文档前先要在传送给浏览器的 MIME 文档头部包含名/值对。当服务器向浏览器发送文档时，会先发送名/值对。这里名/值对名称为 "Content-Type"，即文档类型。

content 属性提供了名/值对中的值，它始终要和 http-equiv 属性一起使用。

charset 属性设置了文档的文字编码方式，这里为 utf-8。如果需要设置为其他字符集，则改变 charset 的值即可。

5．<title>标签

文档的标题。

6．<body>标签

所有页面内容的所在。页面上显示的任何东西都包含在<body>标签之中。

1.5.3　定义页面属性

新建文档之后，可以通过定义页面属性的方法定义页面的显示效果。

（1）选择【修改】→【页面属性】命令，弹出【页面属性】对话框，如图 1.32 所示。

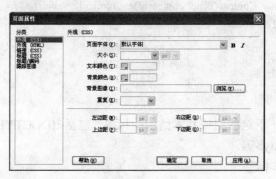

图 1.32　【页面属性】对话框

（2）在【页面属性】对话框中，可以定义页面的外观、链接、标题、标题/编码，以及跟踪图像等。

1.6　Dreamweaver CS4 新增功能

1.6.1　实时视图

Dreamweaver CS4 提供了"实时"视图，可在实际的浏览器条件下设计网页。对代码所做的更改会立即反映出来。

（1）在"设计"视图或"代码"视图中，单击【实时视图】按钮 ![实时视图] ，切换到"实时"视图。

（2）进入"实时"视图后"设计"视图保持冻结，"代码"视图保持可编辑状态，因此用户可以更改代码，然后刷新"实时"视图以查看所进行的更改是否生效。

（3）单击【实时代码】按钮 ![实时代码] ，切换到"实时代码"视图，"实时代码"视图类似于"实时"视图，但"实时代码"视图是非可编辑视图。

（4）在【实时视图】按钮 ![实时视图] 的弹出菜单中选择【冻结 JavaScript】命令，此时"实时"视图会将页面冻结在其当前状态。然后，用户可以编辑 CSS 或 JavaScript 并刷新页面以查看更改是否生效。当要查看并更改无法在传统"设计"视图中看到的弹出菜单或其他交互元素的不同状态时，"实时"视图中的冻结 JavaScript 很有用。

1.6.2　JavaScript 的代码外链

一般不在页面直接撰写 JavaScript 代码，而是将其放在外部的.js 文件中。

在 1-6-2.html 文档中，JavaScript 代码如下：

```
<head>
    <script type="text/javascript">
        function alert_me(msg)
        {
        alert(msg);
        }
    </script>
</head>
<body>
<a href="#" onclick="alert_me('欢迎您')">请单击这里</a>
</body>
```

（1）选择【命令】→【将 JavaScript 外置】命令，弹出【将 JavaScript 外置】对话框，如图 1.33 所示。

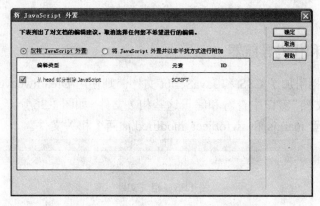

图 1.33　【将 JavaScript 外置】对话框

（2）选择【仅将 JavaScript 外置】和【从 head 部分删除 JavaScript】选项，然后单击【确定】按钮。

（3）页面中的 JavaScript 代码被外置到 1-6-2.js 文件，如图 1.34 所示。

图 1.34　外置后的 JavaScript

1.6.3　针对 Ajax 和 JavaScript 框架的代码提示

代码提示功能有助于快速插入和编辑代码，并且不出差错。例如，当输入标记、属性或 CSS 属性名的前几个字符时，用户将看到以这些字符开头的选项列表。在"代码"视图中输入时会自动显示代码提示菜单，如图 1.35 所示。

图 1.35　代码提示功能

1.6.4　相关文件和代码导航器

如果已向主文档附加了 CSS 和 JavaScript 文件，则使用 Dreamweaver 可以在保持主文档可见的同时在"文档"窗口中查看和编辑这些相关文件。如图 1.36 所示，主文档 1-6-1.htm 窗口中可以同时查看 mail.js 和 swfobject_modified.js 两个相关文件。

图 1.36　相关文件

Dreamweaver 支持以下类型的相关文件：

- 客户端脚本文件；
- Server Side Includes；
- Spry 数据集源（XML 和 HTML）；
- 外部 CSS 样式表（包括嵌套样式表）。

1.6.5　CSS 最佳做法

（1）选择【窗口】→【属性】命令，打开【属性】面板，单击【CSS】按钮，如图 1.37 所示，可以编辑 CSS 规则。

（2）【目标规则】下拉菜单中显示的是正在编辑的规则，也可以从下拉菜单中选择一个规则；单击【编辑规则】按钮可以打开【目标规则】的【CSS 规则定义】对话框。

（3）应用 CSS 格式时，Dreamweaver 会将属性写入文档头或单独的样式表中。

图 1.37　属性面板编辑 CSS 规则

1.6.6　HTML 数据集

用户可以在网页中集成动态数据的功能，而无须另外学习掌握数据库和 XML（可扩展置标语言）编码。Spry 数据集将简单的 HTML 表内容识别为交互式数据源。

1.6.7　Adobe Photoshop 智能对象

在 Dreamweaver 中插入任何 Adobe Photoshop PSD（Photoshop 数据文件）文档即可创建一个图像智能对象。智能对象与源文件紧密链接。无须打开 Photoshop 即可在 Dreamweaver 中对源图像进行更改并更新图像。

1.7　综 合 训 练

练习文件
第 1 章\1-7

1.7.1　特色说明

下面以创建一个中小型站点的过程来说明 Dreamweaver CS4 的站点管理功能，使初学者学会使用【文件】面板管理文件，以及文件上传和后期维护的方法。最终效果如图 1.38 所示。

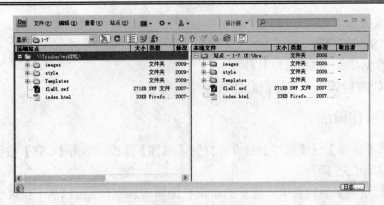

图 1.38　上传后的效果

1.7.2　具体步骤

图 1.39　选择站点命令

1．创建本地站点

（1）选择【站点】→【管理站点】命令，打开【管理站点】对话框，单击【新建】按钮，选择【站点】命令，如图 1.39 所示。

（2）定义本地站点，在站点定义对话框中，选择【高级】，输入站点信息，"本地根文件夹"建立在"E:\DreamweaverCS4网页制作实用教程\sample\第 1 章\1-7\"下，其他的采用默认设置，如图 1.40 所示。

图 1.40　站点本地根目录的设置

（3）单击【确定】按钮，回到【管理站点】对话框，这时【管理站点】对话框变成如图 1.41 所示。单击【完成】按钮，本地站点定义完成。

2．创建站点文件

在【文件】面板下出现刚刚定义的站点，用户可在这里选择【新建文件】或【新建文件夹】（图 1.42 所示）命令，将不同类型的文件存放在不同的子目录中，结果如图 1.43 所示。

图 1.41　本地站点定义完成

图 1.42　新建文件或文件夹

图 1.43　不同类型的文件

3．上传到远程站点

下面以公共计算机房教学为例，说明将站点上传到教师机上的方法。

1）定义远程站点

（1）在教师机上设置一个共享文件夹"myHTML"。

（2）打开学生机上的【管理站点】对话框，单击【编辑】按钮，选择【高级】，在左边【分类】中选择【远程信息】。

（3）在【访问】中选择【本地/网络】，单击【远端文件夹】右边的图标，弹出【选择站点 1-7 的远程根文件夹】对话框，如图 1.44 所示。

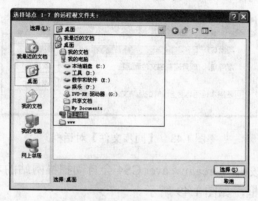

图 1.44　选择网上邻居

（4）选择【网上邻居】，找到教师机，再双击共享文件夹"myHTML"，将其打开，单击【选择】按钮，这时远程信息设置如图 1.45 所示。

图 1.45　远端文件夹的设置

（5）单击【确定】按钮，返回【管理站点】对话框，单击【完成】按钮。单击【文件】面板中的 按钮，"展开已显示本地和远端站点"，如图 1.46 所示。

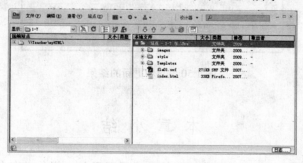

图 1.46　本地和远端站点

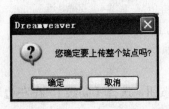

图 1.47　确认上传对话框

2）上传文件

（1）单击【文件】面板中 ⬆ 按钮，弹出确认对话框，如图 1.47 所示。

（2）单击【确定】按钮，文件上传成功后，在【文件】面板中的【远端站点】列表内出现了被上传的文件，如图 1.38 所示。

4．远程与本地站点同步

（1）单击【文件】面板中的 🔄 按钮，弹出【同步文件】对话框，设置如图 1.48 所示。

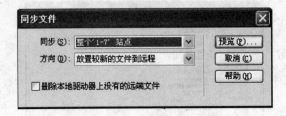

图 1.48　【同步文件】对话框

（2）单击【预览】按钮，Dreamweaver CS4 会自动扫描网站的本地文件夹和远程目录，弹出手动同步确认对话框，如图 1.49 所示。

图 1.49　手动同步确认框

（3）单击【确定】按钮，会出现对话框显示同步更新的结果，如图 1.50 所示。

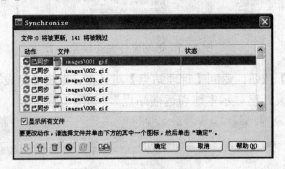

图 1.50　同步更新的结果

本　章　小　结

本章主要介绍了 Dreamweaver CS4 的工作界面及基本操作，包括网页设计基础知识

（HTML、CSS）、Dreamweaver CS4 新界面的特点和布局、站点的操作和文件管理。

Dreamweaver CS4 与以前的版本相比，功能更加强大，这主要反映在 Dreamweaver CS4 的新增功能上，如在"代码"视图、"设计"视图和"拆分"视图的基础上，增加了"实时"视图，能更加逼真地显示文档在浏览器中的表示形式，方便设计网页。

初学者必须掌握【菜单栏】、【工具栏】、【属性面板】和【文件面板】等常用面板的使用，以及本地站点的建立。

如果需要将本地站点上的网页放到网络上运行，则必须上传至远程服务器上，那么必须先建立一个远程站点，可根据需要选择远程服务器的类型，然后再将文件上传到服务器上。

课 后 习 题

一、选择题

1. 关于 Dreamweaver 工作区的描述正确的是（　　）。

A. 属性工具栏不能被隐藏　　　　　　　B. 对象面板的显示方式只能是横式

C. 可以根据自己的喜好来定制　　　　　D. 不能调节工作区的大小

2. HTML 是 HyperText Markup Language（超文本置标语言）的缩写。超文本使网页之间具有跳转的能力，是一种信息组织的方式，使浏览者可以选择阅读的路径，从而可以不需要顺序阅读。（　　）

A. 正确　　　　　　　　　　　　　　　B. 错误

3. 在 HTML 中，（　　）是段落标签。

A. <HTML></HTML>　　　　　　　　　B. <HEAD></HEAD>

C. <BODY></BODY>　　　　　　　　　D. <P></P>

4. Dreamweaver 取消上一动作的快捷操作是（　　）。

A. Ctrl+F8　　　　　B. Alt+F4　　　　　C. Ctrl+Z　　　　　D. Ctrl+Y

5. 文档编码在文档头中的（　　）标签中进行设置。

A. HEAD　　　　　　B. TITLE　　　　　C. Meta　　　　　D. HTML

6. 如果要使用 Dreamweaver 面板组，需要通过（　　）菜单实现。

A. 文件　　　　　　B. 视图　　　　　　C. 插入　　　　　D. 窗口

二、填空题

1. 设计网站时在本地硬盘上建立的站点称为_____，上传至 Internet 服务器上的站点称为_____。

2. Web 中使用的最多的图片格式有 3 种，采用压缩的是_____和_____，这两种图片格式都是压缩的。

3. 在 Dreamweaver 中，根相对路径链接是指从站点根文件夹到被链接文档经由的路径。一个根相对路径以_____开头，它代表_____。

三、操作题

1. 规划自己个人网站的目录结构。

第 2 章　使用 Dreamweaver CS4 制作简单网页

教学提示：您无须了解 HTML，即可以直观的方式在 Web 页中添加内容。您可以为 Web 页面添加文本、图像、由 Adobe Flash 创建的视频、声音和其他媒体对象，还可以设置页面属性。

教学内容：本章将介绍向页面中添加网页元素的方法，包括文本、图像、多媒体和链接。重点掌握文本的格式化、图像的插入和属性设置，以及相对链接等。

2.1　网页中的文本

2.1.1　将文本添加到文档

若要向 Dreamweaver 文档添加文本，可以直接在【文档】窗口中输入文本，也可以剪切并粘贴文本。将文本添加到文档，如图 2.1 所示。

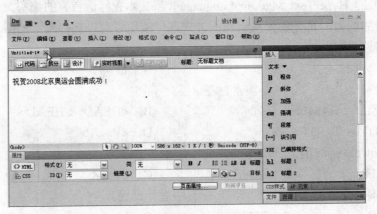

图 2.1　添加文本的界面

直接在设计视图【文档】窗口中输入文本，在下方属性检查器中设置文本相关属性，在右侧面板组中设置相关属性。

2.1.2　导入 Microsoft Office 文档

可以将 Microsoft Word 或 Excel 文档的完整内容插入到新的或现有的网页中。导入 Word 或 Excel 文档时，Dreamweaver 接收已转换的 HTML 并将它插入到 Web 页上。Dreamweaver 接收已转换的 HTML 后，文件大小必须小于 300KB。

（1）打开要插入 Word 或 Excel 文档的网页。

（2）选择【文件】→【导入】→【Word 文档】命令。

（3）在【导入文档】对话框中，浏览到要添加的文件，在对话框底部的【格式化】下拉菜单中选择任意格式设置选项,然后单击【打开】按钮,如图 2.2 所示。

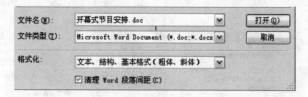

图 2.2 【导入文档】对话框

格式化选项说明。

● 纯文本插入无格式文本。如果原始文本带格式,所有格式将被删除。
● 带结构的文本,插入文本并保留结构,但不保留基本格式设置。
● 带结构的文本及基本格式,插入结构化并带简单 HTML 格式的文本。
● 带结构的文本及全部格式,插入文本并保留所有结构、HTML 格式设置和 CSS 样式。

注意

(1)可以选择将文件从当前位置拖放到要在其中显示内容的页面中。

(2)可以粘贴部分 Word 文档内容并保留格式设置,而不是导入整个文件内容。如果使用 Microsoft Office 97,则必须插入指向该文档的链接(详见 2.1.3 节)。

2.1.3 创建指向 Microsoft Office 文档的链接

可以在现有页面中插入指向 Microsoft Word 或 Excel 文档的链接。

(1)在文件面板中找到该文件,拖放到 Dreamweaver 页面中,弹出【插入文档】对话框,如图 2.3 所示。

(2)选择【创建链接】选项,然后单击【确定】按钮。

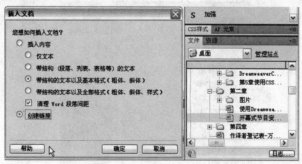

图 2.3 【插入文档】对话框

(3)如果要链接的文档位于站点根文件夹以外,Dreamweaver 将提示您将文档复制到站点根文件夹中。将页面上传到 Web 服务器时,请确保同时上传该文件。

2.1.4 插入特殊字符

某些特殊字符在 HTML 中以名称或数字的形式表示,它们称为 entity。

如果要插入这些特殊的字符可选择【插入】→【HTML】→【特殊字符】→【注册商标】命令，如图 2.4 所示。

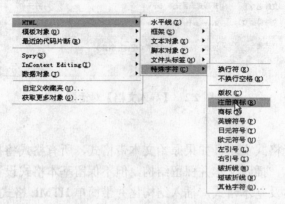

图 2.4　插入特殊字符命令

2.1.5　在字符之间添加连续空格

HTML 只允许字符之间有一个空格，若要在文档中添加其他空格，必须插入不换行空格。选择【编辑】→【首选参数】命令，在【常规】类别中确保选中【允许多个连续的空格】。

插入不换行空格可执行下列操作之一。

（1）选择【插入】→【HTML】→【特殊字符】→【不换行空格】命令。

（2）按【Ctrl+Shift+空格】组合键。

（3）在【插入】面板的【文本】类别中，单击【字符】按钮并选择【不换行空格】命令，如图 2.5 所示。

图 2.5　插入不换行空格命令

2.1.6　创建项目列表和编号列表

定义列表可使用项目符号点或数字这样的前导字符，并且通常用于词汇表或说明。使用【列表属性】对话框可以设置整个列表或个别列表项目的外观，可以为个别列表项目或整个列表设置编号样式、重设编号或设置项目符号样式选项。

1．创建新列表

在 Dreamweaver 文档中，将插入点放在要添加列表的位置，选择【格式】→【列表】命令，然后选择所需的列表类型，如【项目列表】、【编号列表】或【定义列表】。指定列表项目的前导字符将显示在【文档】窗口中。

输入列表项目文本，然后按【Enter】键。

2．修改列表属性

将插入点放到列表项目的文本中，然后选择【格式】→【列表】→【属性】命令，打开【列表属性】对话框，也可以单击属性检查器中的【列表项目】按钮打开【列表属性】对话框，如图 2.6 所示。

图 2.6　【列表属性】对话框

- 【列表类型】：指定列表属性，使用下拉菜单选择【项目列表】、【编号列表】、【目录列表】或【菜单列表】。根据所选的【列表类型】，对话框中将出现不同的选项。
- 【样式】：确定用于编号列表或项目列表的编号或项目符号的样式。所有列表项目都将具有该样式，除非为列表项目指定新样式。
- 【开始计数】：设置编号列表中第一个项目的值。

2.1.7　使用属性检查器设置文本 HTML 属性

选择要设置格式的文本，选择【窗口】→【属性】命令，打开【属性】窗口，然后单击【HTML】按钮。打开属性检查器，设置要应用于所选文本的选项，如图 2.7 所示。

图 2.7　【属性】窗口

- 【格式】：设置所选文本的段落样式。【段落】应用<p>标签的默认格式，【标题 1】添加 H1 标签，等等。
- 【ID】：为所选内容分配一个 ID。【ID】下拉菜单将列出文档的所有未使用的已声明类，并显示当前应用于所选文本的类样式。
- 【粗体】：将<b>或<strong>应用于所选文本。

- 【斜体】：将<i>或<em>应用于所选文本。
- 【项目列表】：创建所选文本的项目列表。如果未选择文本，则启动一个新的项目列表。
- 【编号列表】：创建所选文本的编号列表。如果未选择文本，则启动一个新的编号列表。
- 【缩进和凸出】：通过应用或删除 blockquote 标签，缩进所选文本或删除所选文本的缩进。在列表中，缩进可创建一个嵌套列表，而删除缩进则取消嵌套列表。
- 【链接】：创建所选文本的超文本链接。可单击文件夹图标浏览站点中的文件，或输入 URL，或将【指向文件】图标拖到【文件】面板中的文件上，或将文件从【文件】面板拖到框中。

2.1.8　使用属性检查器设置文本 CSS 属性

在对文本应用现有样式的情况下，在页面的文本内部单击时，将会显示影响文本格式的规则。您也可以使用【目标规则】下拉菜单创建新的 CSS 规则、新的内联样式或将现有类应用于所选文本。如果要创建新规则，将需要使用【新建 CSS 规则】对话框。

在属性检查器中编辑 CSS 规则。

（1）将插入点放在已按要编辑的规则设置格式的文本块的内部，打开属性检查器，并单击【CSS】按钮，如图 2.8 所示。

（2）可通过使用 CSS 属性检查器中的各个选项对该规则进行更改。

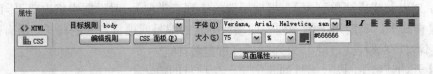

图 2.8　【属性】对话框

- 【编辑规则】：打开目标规则的【CSS 规则定义】对话框。如果从【目标规则】下拉菜单中选择【新建 CSS 规则】并单击【编辑规则】按钮，Dreamweaver 则会打开【新建 CSS 规则定义】对话框。
- 【CSS 面板】：打开【CSS 样式】面板并在当前视图中显示目标规则的属性。
- 【字体】：更改目标规则的字体。
- 【大小】：设置目标规则的字体大小。
- 【文本颜色】：将所选颜色设置为目标规则中的字体颜色。单击颜色框选择 Web 安全色，或在相邻的文本框中输入十六进制值（如#FF0000）。
- 【粗体】：向目标规则添加粗体属性。
- 【斜体】：向目标规则添加斜体属性。

注意

【字体】、【大小】、【文本颜色】、【粗体】、【斜体】和【对齐】属性始终显式应用于【文档】窗口中当前所选内容的规则的属性，在更改其中的任何属性时，都将会影响目标规则。

2.1.9　添加段落间距

Dreamweaver 的工作机制与许多文字处理应用程序类似，按【Enter】键可以创建一个新段落。Web 浏览器在段落之间会自动插入一个空白空格行。通过插入一个换行符，可以在段落之间添加一个空格行。在【插入】面板的【文本】类别中，单击【字符】按钮，然后单击【换行符】图标即可，如图 2.9 所示。

图 2.9　插入换行符命令

2.1.10　使用水平线

水平线对于组织信息很有用。在页面上，可以使用一条或多条水平线以可视方式分隔文本和对象。选择【插入】→【HTML】→【水平线】命令，即可插入水平线。在插入水平线后可以在属性检查器中对属性进行修改，如图 2.10 所示。

图 2.10　水平线属性检查器

相关属性说明如下。

- 【水平线】文本框：可用于为水平线指定 ID。
- 【宽】和【高】：以像素为单位或以页面大小百分比的形式指定水平线的宽度和高度。
- 【对齐】：指定水平线的对齐方式，有【默认】、【左对齐】、【居中对齐】或【右对齐】。仅当水平线的宽度小于浏览器窗口的宽度时，该设置才适用。
- 【阴影】：指定绘制水平线时是否带阴影。取消选择此选项将使用纯色绘制水平线。
- 【类】：可用于附加样式表，或者应用已附加的样式表中的类。

2.1.11　插入日期

Dreamweaver 提供了一个方便的日期对象，该对象使您可以以喜欢的格式插入当前日期，并且可以选择在每次保存文件时都自动更新该日期。

选择【插入】→【日期】命令，或在【插入】面板的【常用】类别中，单击【日期】按钮，如图 2.11 所示，在出现的对话框中，可设置星期格式、日期格式和时间格式。

图 2.11　插入日期命令

2.2　网页中的图像

2.2.1　图像概述

计算机中虽然存在很多种图形文件格式，但网页中通常使用的只有 3 种，即 GIF、JPEG 和 PNG。GIF 和 JPEG 文件格式的支持情况最好，大多数浏览器都可以查看它们。

由于 PNG 文件具有较大的灵活性并且文件大小较小，因此它对于几乎任何类型的 Web 图形都是最适合的。但是，Microsoft Internet Explorer（4.0 和更高版本的浏览器）以及 Netscape Navigator（4.04 和更高版本的浏览器）只能部分地支持 PNG 图像的显示。因此，除非设计所针对的特定目标用户是使用支持 PNG 格式的浏览器，否则请使用 GIF 或 JPEG 以迎合更多人的需求。

GIF（图形交换格式）文件最多使用 256 种颜色，最适合显示色调不连续或具有大面积单一颜色的图像，如导航条、按钮、图标、徽标或其他具有统一色彩和色调的图像。

JPEG（联合图像专家组）文件格式是用于摄影或连续色调图像的较好格式，这是因为 JPEG 文件可以包含数百万种颜色。随着 JPEG 文件品质的提高，文件的大小和下载时间也会随之增加。通常可以通过压缩 JPEG 文件，在图像品质和文件大小之间达到良好的平衡。

PNG（可移植网络图形）文件格式是一种替代 GIF 格式的无专利权限制的格式，它包括对索引色、灰度、真彩色图像及 alpha 通道透明度的支持。PNG 是 Adobe® Fireworks®固有的文件格式。PNG 文件可保留所有原始层、矢量、颜色和效果信息（如阴影），并且在任何时候所有元素都是可以完全编辑的。文件必须具有.png 扩展名才能被 Dreamweaver 识别为 PNG 文件。

2.2.2　插入图像

将图像插入 Dreamweaver 文档时，HTML 源代码中会生成对该图像文件的引用。为了确保此引用的正确性，该图像文件必须位于当前站点中。如果图像文件不在当前站点中，Dreamweaver 会询问您是否要将此文件复制到当前站点中。

您还可以动态插入图像。动态图像指那些经常变化的图像。例如，广告横幅旋转系统需要在请求页面时从可用横幅列表中随机选择一个横幅，然后动态显示所选横幅的图像。

在【文档】窗口中，将插入点放置在要显示图像的地方，然后执行下列操作之一。

（1）在【插入】面板的【常用】类别中（见图 2.12），单击【图像】图标 。

（2）在【插入】面板的【常用】类别中，单击【图像】下拉按钮，然后选择【图像】图标，如图 2.13 所示。此时，可以将该图标直接拖动到【文档】窗口中（或者如果正在处理代码，则可以直接拖动到【代码视图】窗口中）。

图 2.12　插入图像图标

图 2.13　插入图像下拉按钮

（3）选择【插入】→【图像】命令，如图 2.14 所示。

（4）将图像从【资源】面板中拖动到【文档】窗口中的所需位置，如图 2.15 所示。

（5）将图像从【文件】面板（见图 2.16）拖动到【文档】窗口中的所需位置。

（6）将图像从桌面直接拖动到【文档】窗口中的所需位置具体步骤如下。

① 在如图 2.17 所示的对话框中选择【文件系统】可选择一个图像文件，选择【数据源】可选择一个动态图像源。

② 浏览并选择要插入的图像或内容源。

如果您正在处理一个未保存的文档，Dreamweaver 将生成一个对图像文件的 file:// 引用。将文档保存在站点中的任意位置后，Dreamweaver 将该引用转换为文档的相对路径。

图 2.14　插入图像菜单操作　　　　图 2.15　插入图像操作　　　　图 2.16　选择图像界面

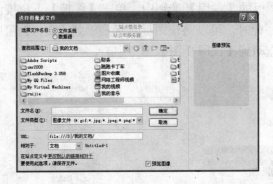

图 2.17　选择图像源界面

注意

插入图像时，也可以使用位于远程服务器上的图像（也就是在本地硬盘驱动器上不存在的图像）的绝对路径。

③ 单击【确定】按钮，将显示【图像标签辅助功能属性】对话框，如图 2.18 所示。

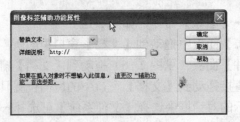

图 2.18　图像属性设置

在【替换文本】和【详细说明】文本框中输入值，然后单击【确定】按钮。

在【替换文本】框中，为图像输入一个名称或一段简短描述。屏幕阅读器会朗读在此处输入的信息，输入应限制在 50 个字符左右。对于较长的描述，可考虑在【详细说明】文本框中提供链接，该链接指向提供有关该图像的详细信息的文件。

在【详细说明】框中，可输入当用户单击图像时所显示的文件的位置，或者单击文件夹图标以浏览到该文件。该文本框提供指向与图像相关（或提供有关图像的详细信息）的文件的链接。

2.2.3　设置图像属性

通过图像属性检查器设置图像的属性，请单击位于右下角的展开箭头。

（1）选择【窗口】→【属性】命令，以查看所选图像的属性检查器，如图 2.19 所示。

（2）在缩略图下面的文本框中输入名称，以便在使用 Dreamweaver 行为（如【交换图像】）或脚本撰写语言（如 JavaScript 或 VBScript）时可以引用该图像。

图 2.19　图像属性检查器

- 【宽】和【高】：图像的宽度和高度，以像素表示。在页面中插入图像时，Dreamweaver 会自动用图像的原始尺寸更新这些文本框。

  如果设置的【宽】和【高】值与图像的实际宽度和高度不相符，则该图像在浏览器中可能不会正确显示。若要恢复原始值，请单击【宽】和【高】文本框标签，或单击用于输入新值的【宽】和【高】文本框右侧的【重设大小】按钮。
- 【源文件】：指定图像的源文件。单击文件夹图标以浏览到源文件，或者输入路径。
- 【链接】：指定图像的超链接。可将【指向文件】图标拖动到【文件】面板中的某个文件上，或单击文件夹图标浏览并选择站点上的某个文档，或手动输入 URL。
- 【对齐】：对齐同一行上的图像和文本。
- 【替换】：指定在只显示文本的浏览器或已设置为手动下载图像的浏览器中代替图像显示的替换文本。对于使用语音合成器（用于只显示文本的浏览器）的有视觉障碍的用户，将大声读出该文本。在某些浏览器中，当鼠标指针滑过图像时也会显示该文本。
- 【地图】：允许您标注和创建客户端图像地图。
- 【垂直边距】和【水平边距】：沿图像的边添加边距，以像素表示。【垂直边距】沿图像的顶部和底部添加边距。【水平边距】沿图像的左侧和右侧添加边距。

2.2.4　调整图像大小

在 Dreamweaver 中调整图像大小时，可以对图像进行重新取样，以适应其新尺寸。重新取样将添加或减少已调整大小的 JPEG 和 GIF 图像文件中的像素，以便与原始图像的外观尽可能地匹配。对图像进行重新取样会减小该图像的文件大小并提高下载性能。

（1）在【文档】窗口中选择该图片。

元素的底部、右侧及右下角会有调整大小控制点。如果没有调整大小控制点，则单击要调整大小的元素以外的部分，然后重新选择它，或在标签选择器中单击相应的标签以选择该元素。

（2）执行下列操作之一，调整元素的大小。

● 若要调整元素的宽度，请拖动右侧的选择控制点。

● 若要调整元素的高度，请拖动底部的选择控制点。

● 若要同时调整元素的宽度和高度，请拖动顶角的选择控制点。

● 若要在调整元素尺寸时保持元素的比例（其宽高比），请在按住【Shift】键的同时拖动顶角的选择控制点。

● 若要将元素的宽度和高度调整为特定大小（如 1 像素×1 像素），请使用属性检查器输入数值。在可视方式下，最小可以将元素大小调整到 8 像素×8 像素。

（3）若要将已调整大小的元素恢复为原始尺寸，请在属性检查器中删除【宽】和【高】文本框中的值，或者单击图像属性检查器中的【重设大小】按钮，如图 2.20 所示。

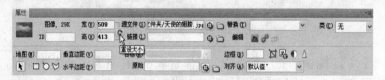

图 2.20　恢复原始大小

（4）要对已调整大小的图像进行重新取样，可单击图像属性检查器中的【重新取样】（见图 2.21 所示）按钮。

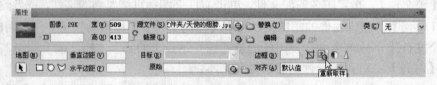

图 2.21　重新取样

2.2.5　对齐图像

可以将图像与同一行中的文本、另一个图像、插件或其他元素对齐，还可以设置图像的水平对齐方式。

在【设计】视图中选择该图像。

在属性检查器中使用【对齐】下拉菜单设置该图像的对齐属性，如图 2.22 所示。

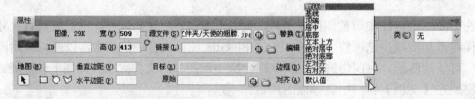

图 2.22　对齐图像

可以设置相对于同一段落或行中的其他元素的对齐方式。

对齐选项中包含如下选项。

- 【默认值】：指定基线对齐。（根据站点访问者的浏览器的不同，默认值也会有所不同。）
- 【基线】和【底部】：将文本（或同一段落中的其他元素）的基线与选定对象的底部对齐。
- 【顶端】：将图像的顶端与当前行中最高项（图像或文本）的顶端对齐。
- 【居中】：将图像的中线与当前行的基线对齐。
- 【文本上方】：将图像的顶端与文本行中最高字符的顶端对齐。
- 【绝对居中】：将图像的中线与当前行中文本的中线对齐。
- 【绝对底部】：将图像的底部与文本行（这包括字母下部，如在字母 g 中）的底部对齐。
- 【左对齐】：将所选图像放置在左侧，文本在图像的右侧换行。如果左对齐文本在行上处于对象之前，它通常强制左对齐对象换到一个新行。
- 【右对齐】：将图像放置在右侧，文本在对象的左侧换行。如果右对齐文本在行上位于该对象之前，则它通常会强制右对齐对象换到一个新行。

2.2.6 在 Dreamweaver 中编辑图像

您可以在 Dreamweaver 中重新取样、裁剪、优化和锐化图像，还可以调整图像的亮度和对比度。

Dreamweaver 提供了基本的图像编辑功能，使您无须使用外部图像编辑应用程序（如 Fireworks 或 Photoshop）即可修改图像。Dreamweaver 图像编辑工具旨在使您能与内容设计者（负责创建网站上使用的图像文件）轻松地协作。

选择【修改】→【图像】命令，可设置以下任一 Dreamweaver 图像编辑功能，如图 2.23 所示。

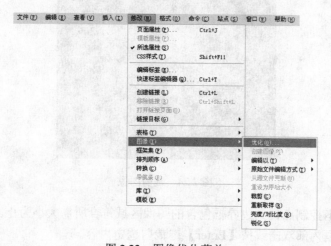

图 2.23　图像优化菜单

- 【重新取样】：添加或减少已调整大小的 JPEG 和 GIF 图像文件的像素，以便与原始图像的外观尽可能地匹配。对图像进行重新取样会减小该图像的文件大小并提高下载性能。

在 Dreamweaver 中调整图像大小时，可以对图像进行重新取样，以适应其新尺寸。对位图对象进行重新取样时，会在图像中添加或删除像素，以使其变大或变小。对图像进行重新取样以取得更高的分辨率一般不会导致品质下降。但重新取样以取得较低的分辨率时，总会导致数据丢失，并且通常会使品质下降。

- 【裁剪】：通过减小图像区域编辑图像。通常，您可能需要裁剪图像以强调图像的主题，并删除图像中不需要的部分。
- 【亮度/对比度】：修改图像中像素的亮度或对比度。这将影响图像的高亮显示、阴影和中间色调。修正过暗或过亮的图像时通常使用【亮度/对比度】。
- 【锐化】：通过增加图像中边缘的对比度调整图像的焦点。扫描图像或拍摄数码照片时，大多数图像捕获软件的默认操作是柔化图像中各对象的边缘。这可以防止特别精细的细节从组成数码图像的像素中丢失。不过，要显示数码图像文件中的细节，经常需要锐化图像，从而提高边缘的对比度，使图像更清晰。

注意

Dreamweaver 图像编辑功能仅适用于 JPEG 和 GIF 图像文件格式。其他位图图像文件格式不能使用这些图像编辑功能进行编辑。

1．裁剪图像

（1）打开包含要裁剪的图像的页面，选择图像，并执行下列操作之一。

① 单击图像属性检查器中的【裁剪工具】按钮 。

② 选择【修改】→【图像】→【裁剪】命令。

所选图像周围会出现裁剪控制点，如图 2.24 所示。

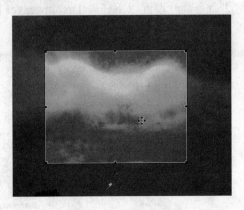

图 2.24　裁剪图像

（2）调整裁剪控制点直到边界框包含的图像区域符合所需大小为止。

（3）在边界框内部双击或按【Enter】键裁剪选定内容。

（4）系统弹出一个对话框通知您正在裁剪的图像文件将被更改。单击【确定】按钮，所选位图的边界框外的所有像素都将被删除。

（5）预览该图像并确保它满足您的要求。如果不满足您的要求，请选择【编辑】→【撤销裁剪】命令恢复到原始图像。

2．优化图像

您可以在 Dreamweaver 中优化 Web 页中的图像。

（1）打开包含要优化的图像的页面，选择图像，并执行下列操作之一。

① 在图像属性检查器中单击【编辑图像设置】按钮 。

② 选择【修改】→【图像】→【优化】命令。

（2）在【图像预览】对话框中进行编辑并单击【确定】按钮，如图 2.25 所示。

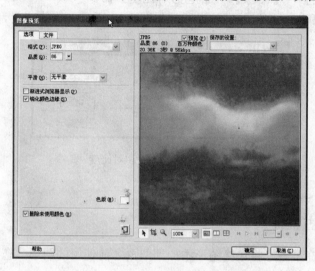

图 2.25　优化图像

3．锐化图像

锐化将增加对象边缘的像素的对比度，从而增加图像的清晰度或锐度。

（1）打开包含要锐化的图像的页面，选择图像，并执行下列操作之一。

① 单击图像属性检查器中的【锐化】按钮 。

② 选择【修改】→【图像】→【锐化】命令。

（2）可以通过拖动滑块控件或在文本框中输入一个 0～10 的值，来指定 Dreamweaver 应用于图像的锐化程度。在使用【锐度】对话框调整图像的锐度时，可以预览对该图像所做的更改，如图 2.26 所示。

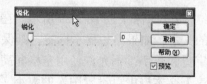

图 2.26　锐化图像

（3）如果对该图像满意，请单击【确定】按钮。

（4）选择【文件】→【保存】命令可保存更改。选择【编辑】→【撤销锐化】命令可恢复到原始图像。

注意

　　只能在保存包含图像的页面之前撤销【锐化】命令的效果（并恢复到原始图像文件）。保存页面后，对图像所做的更改将永久保存。

4．调整图像的亮度和对比度

（1）打开包含要调整的图像的页面，选择图像，并执行下列操作之一。

① 单击图像属性检查器中的【亮度/对比度】按钮 ●。

② 选择【修改】→【图像】→【亮度/对比度】命令。

（2）拖动亮度和对比度滑块调整设置，如图 2.27 所示。值的范围为 −100～100。

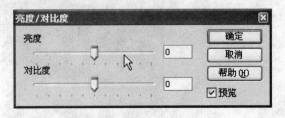

图 2.27　调整亮度和对比度

（3）单击【确定】按钮。

2.2.7　插入图像占位符

　　图像占位符是在准备好将最终图形添加到网页之前使用的图形。您可以设置占位符的大小和颜色，并为占位符提供文本标签。

（1）在【文档】窗口中，将插入点放置在要插入占位符图形的位置。

（2）选择【插入】→【图像对象】→【图像占位符】命令，如图 2.28 所示。

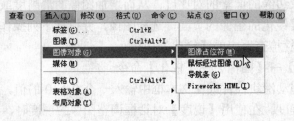

图 2.28　插入占位符

　　（3）系统弹出【图像占位符】对话框，如图 2.29 所示。在【名称】文本框中可输入要作为图像占位符的标签显示的文本。如果不想显示标签，则保留该文本框为空。名称必须以字母开头，并且只能包含字母和数字；不允许使用空格和高位 ASCII 字符。

　　（4）在【宽度】和【高度】文本框中可设置图像的大小（以像素表示）。

　　（5）在【颜色】文本框中可执行下列操作之一，以应用颜色。

① 使用颜色选择器选择一种颜色。

② 输入颜色的十六进制值（如#FF0000）。

③ 输入网页安全色名称（如 red）。

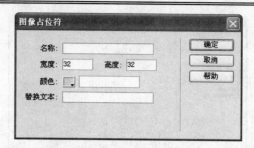

图 2.29　"图像占位符"对话框

（6）可在【替换文本】中为使用只显示文本的浏览器的访问者输入描述该图像的文本。

（7）单击【确定】按钮。

占位符的颜色、大小属性和标签如图 2.30 所示。

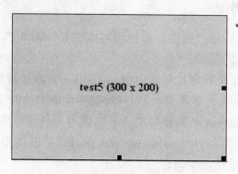

图 2.30　占位符大小

当在浏览器中查看时，不显示标签文字和大小文本。

2.2.8　替换图像占位符

图像占位符不在浏览器中显示图像。在发布站点之前，应该用适用于 Web 的图像文件（如 GIF 或 JPEG）替换所有添加的图像占位符。

如果有 Fireworks，则可以根据 Dreamweaver 图像占位符创建新的图像，并将其设置为与占位符图像相同的大小。您可以编辑该图像，然后在 Dreamweaver 中替换它。

（1）在【文档】窗口中执行下列操作之一。

① 双击图像占位符。

② 单击图像占位符将其选中，然后在属性检查器中单击【源文件】文本框旁的文件夹图标。

（2）在【选择图像源文件】对话框中（见图 2.31），导航到要用其替换图像占位符的图像，然后单击【确定】按钮。

图 2.31　替换占位符

2.2.9　创建鼠标经过图像

可以在页面中插入鼠标经过图像。鼠标经过图像是一种可在浏览器中查看，并在鼠标指针移过它时会发生变化的图像。

必须用以下两个图像来创建鼠标经过图像：主图像（首次加载页面时显示的图像）和次图像（鼠标指针移过主图像时显示的图像）。鼠标经过图像中的这两个图像应大小相等；如果这两个图像大小不同，Dreamweaver 将调整第二个图像的大小以与第一个图像的大小匹配。

鼠标经过图像自动设置为响应 onMouseOver 事件。可以将图像设置为响应不同的事件（如鼠标单击）或更改鼠标经过图像。

（1）在【文档】窗口中，将插入点放置在要显示鼠标经过图像的位置。

（2）使用以下方法之一插入鼠标经过图像。

① 在【插入】面板的【常用】类别中，单击【图像】按钮，然后选择【鼠标经过图像】图标。当【插入】面板中显示【鼠标经过图像】图标后，可以将该图标拖到【文档】窗口中，如图 2.32 所示。

图 2.32　鼠标经过图像 1

② 选择【插入】→【图像对象】→【鼠标经过图像】命令，如图 2.33 所示。

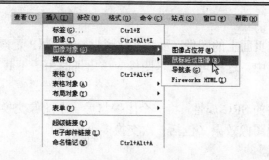

图 2.33 鼠标经过图像 2

（3）设置选项（见图 2.34），然后单击【确定】按钮。

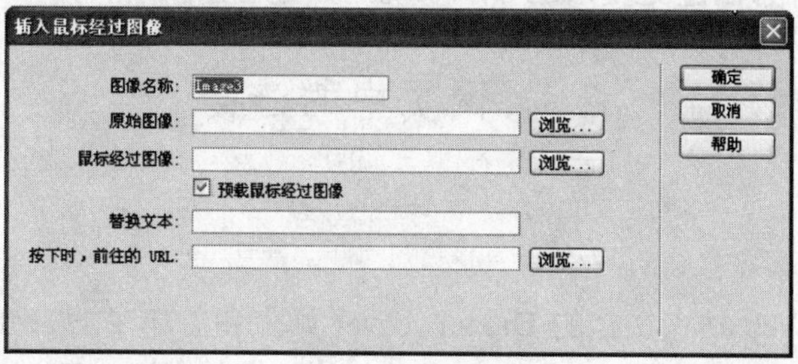

图 2.34 鼠标经过图像 3

- 【图像名称】：鼠标经过图像时显示的名称。
- 【原始图像】：页面加载时要显示的图像。在文本框中输入路径，或单击【浏览】按钮并选择该图像。
- 【鼠标经过图像】：鼠标指针滑过原始图像时要显示的图像。输入路径或单击【浏览】按钮选择该图像。
- 【预载鼠标经过图像】：将图像预先加载到浏览器的缓存中，以便用户将鼠标指针滑过图像时不会发生延迟。
- 【替换文本】：这是一种可选文本，它为使用只显示文本的浏览器的访问者描述图像。
- 【按下时，前往的 URL】：用户单击鼠标经过图像时要打开的文件。输入路径或单击【浏览】按钮并选择该文件。

注意

　　如果不为该图像设置链接，Dreamweaver 将在 HTML 源代码中插入一个空链接（#）。

　　不能在【设计】视图中看到鼠标经过图像的效果。

2.2.10 将行为应用于图像

可以将任何可用行为应用于图像或图像热点。在将一个行为应用于热点时，Dreamweaver 会将 HTML 源代码插入 area 标签中。以下 3 种行为是专门用于图像的：预先载入图像、交换图像和恢复交换图像。

1．预先载入图像

将不会立即出现在页面上的图像（如那些将通过行为、AP 元素或 JavaScript 换入的图像）加载到浏览器缓存中。这样可防止当图像应该出现时由于下载而导致延迟。

2．交换图像

通过更改 img 标签的 SRC 属性，将一个图像与另一个图像交换。使用此动作可创建按钮鼠标经过图像和其他图像效果（包括一次交换多个图像）。

3．恢复交换图像

它将最后一组交换的图像恢复为以前的源文件。每次将【恢复交换图像】动作附加到某个对象时，默认情况下系统都会自动添加该动作；您从不需要手动选择它。

您还可以使用行为创建更复杂的导航系统，如导航条或跳转菜单。

2.3　网页中的链接

2.3.1　关于链接

在设置了存储 Web 站点文档的 Dreamweaver 站点和创建了 HTML 页之后，需要创建文档到文档的连接。Dreamweaver 提供了多种创建链接的方法，可创建到文档、图像、多媒体文件或可下载软件的链接，可以建立到文档内任意位置的任何文本或图像的链接，包括标题、列表、表、绝对定位的元素（AP 元素）或框架中的文本或图像。链接的创建与管理有几种不同的方法。

（1）工作时创建一些指向尚未建立的页面或文件的链接。

（2）首先创建所有的文件和页面，然后再添加相应的链接。

（3）创建占位符页面，在完成所有站点页面之前可在这些页面中添加和测试链接。

2.3.2　文档位置和路径

每个 Web 页面都有一个唯一的地址，称为统一资源定位地址（URL）。在创建本地链接（即从一个文档到同一站点上另一个文档的链接）时，通常不指定作为链接目标的文档的完整 URL，而是指定一个始于当前文档或站点根文件夹的相对路径。有 3 种类型的链接路径。

（1）绝对路径，如 http://www.adobe.com/support/dreamweaver/contents.html。必须使用绝对路径，才能链接到其他服务器上的文档。对本地链接（即到同一站点内文档的链接）也可以使用绝对路径链接，但不建议采用这种方式，因为一旦将此站点移动到其他域，则所有本地绝对路径链接都将断开。通过对本地链接使用相对路径，还能够在需要在站点内移动文件时提高灵活性。

（2）文档相对路径，如 dreamweaver/contents.html。对于大多数 Web 站点的本地链接来说，文档相对路径通常是最合适的路径。在当前文档与所链接的文档位于同一文件夹中，而且可能保持这种状态的情况下，文档相对路径特别有用。文档相对路径还可用于链接到其他文件夹中的文档，方法是利用文件夹层次结构，指定从当前文档到所链接文档的路径。

（3）站点根目录相对路径，如/support/dreamweaver/contents.html。站点根目录相对路径以一个正斜杠开始，该正斜杠表示站点根文件夹。例如，/support/tips.html 是文件（tips.html）的站点根目录相对路径，该文件位于站点根文件夹的 support 子文件夹中。

2.3.3　使用属性检查器链接到文档

（1）在【文档】窗口的【设计】视图中选择文本或图像。

（2）打开属性检查器，然后单击【链接】框右侧的文件夹图标，浏览并选择一个文件，如图 2.35 所示。

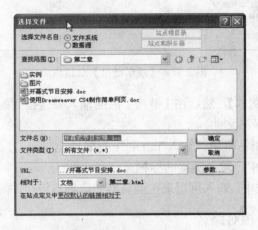

图 2.35　选择链接文件

指向所链接的文档的路径显示在【URL】文本框中。

2.3.4　使用指向文件图标链接文档

（1）在【文档】窗口的【设计】视图中选择文本或图像。

（2）拖动属性检查器中【链接】框右侧的【指向文件】图标（目标图标），指向另一个打开的文档、已打开文档中的可见锚记或者【文件】面板中的一个文档，如图 2.36 所示。

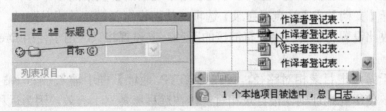

图 2.36　指向一个文档

技巧

　　可以直接从文档面板中把需要链接的文档拖动到设计界面文档窗口中的相应位置，创建与文件名对应的文档链接。

2.3.5　使用【超级链接】命令添加链接

（1）将插入点放在文档中希望出现链接的位置。

（2）选择【插入】→【超级链接】命令，显示【超级链接】对话框，如图 2.37 所示。

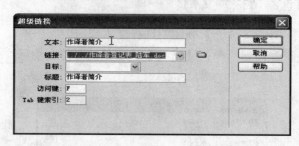

图 2.37　【超级链接】对话框

（3）输入链接的【文本】，然后在【链接】后面输入要链接到的文件的名称（或单击文件夹图标 以浏览选择该文件）。

（4）在【Tab 键索引】框中，输入 Tab 顺序的编号。

（5）在【标题】框中，输入链接的标题。

（6）在【访问键】框中，输入可用来在浏览器中选择该链接的等效键盘键（一个字母）。

2.3.6　设置新链接的相对路径

默认情况下，Dreamweaver 使用文档相对路径创建指向站点中其他页面的链接。若要使用站点根目录相对路径，必须先在 Dreamweaver 中定义一个本地文件夹，方法是选择一个本地根文件夹，作为服务器上文档根目录的等效目录。Dreamweaver 使用该文件夹确定文件的站点根目录相对路径。

（1）选择【站点】→【管理站点】命令。

（2）在【管理站点】对话框中的列表中双击您的站点。

（3）在【站点定义】对话框中，如果未显示【高级】设置，请单击【高级】选项卡。【站点定义】对话框的【高级】选项卡可显示【本地信息】类别选项。

（4）选择【文档】或【站点根目录】选项，从而设置新链接的相对路径。单击【确定】按钮后，更改此设置将不会转换现有链接的路径。该设置将只应用于使用 Dreamweaver 创建的新链接。

（5）对于站点根目录相对路径，可在【HTTP 地址】框中输入 Web 站点的 URL。Dreamweaver 使用此地址确保根目录相对链接在远程服务器上有效，因为远程服务器可能有不同的站点根目录。例如，如果链接到位于硬盘上 C:\Sales\images\ 文件夹中的某个图像文件（Sales 是本地根文件夹），完成的站点的 URL 是 http://www.mysite.com/ SalesApp/（SalesApp 是远程根文件夹），那么在【HTTP 地址】框中输入 URL 可确保远程服务器上的链接文件的路径为/SalesApp/images/。

2.3.7　链接到文档中的特定位置

通过创建命名锚记，可使用属性检查器链接到文档的特定部分。命名锚记可以在文档中设置标记，这些标记通常放在文档的特定主题处或顶部。可以创建到这些命名锚记的链接，这些链接可快速将访问者带到指定位置。

创建到命名锚记的链接的过程分为两步。首先，创建命名锚记；然后，创建到该命名锚记的链接。

注意

不能在绝对定位的元素（AP 元素）中放入命名锚记。

1．创建命名锚记

（1）在【文档】窗口的【设计】视图中，将插入点放在需要命名锚记的地方。

（2）按下【Ctrl+Alt+A】组合键在【插入】面板的【常用】类别中，单击【命名锚记】按钮。

（3）在【锚记名称】框中，输入锚记的名称，然后单击【确定】按钮（锚记名称不能包含空格）。锚记标记在插入点处出现。

2．链接到命名锚记

在【文档】窗口的【设计】视图中，选择要从其创建链接的文本或图像。

在属性检查器的【链接】框中，输入一个数字符号（#）和锚记名称。例如，若要链接到当前文档中名为【top】的锚记，请输入#top。若要链接到同一文件夹内其他文档中的名为【top】的锚记，请输入 filename.html#top。

3．使用指向文件方法链接到命名锚记

（1）打开包含对应命名锚记的文档。

（2）在【文档】窗口的【设计】视图中，选择要从其创建链接的文本或图像（如果这是其他打开文档，则必须切换到该文档）。

（3）请执行下列操作之一。

① 单击属性检查器中【链接】框右侧的【指向文件】图标🕸（目标图标），然后将它拖到要链接到的锚记上。可以是同一文档中的锚记，也可以是其他打开文档中的锚记。

② 在【文档】窗口中，按住【Shift】键，从所选文本或图像拖动到要链接到的锚记。可以是同一文档中的锚记，也可以是其他打开文档中的锚记。

2.3.8　创建电子邮件链接

使用插入电子邮件链接命令或使用属性检查器创建电子邮件链接。

（1）在【文档】窗口的【设计】视图中选择文本或图像。

（2）在属性检查器的【链接】框中输入 mailto:，后跟电子邮件地址。在冒号与电子邮件地址之间不能输入任何空格，如图 2.38 所示。

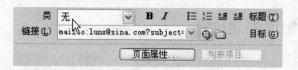

图 2.38　电子邮件链接

技巧

自动填充电子邮件的主题行。

在属性检查器的【链接】框中，在电子邮件地址后添加"?subject="，并在等号后输入一个主题。在问号和电子邮件地址结尾之间不能输入任何空格。

完整输入为"：mailto:someone@yoursite.com?subject=Mail from Our Site"。

2.3.9　创建空链接和脚本链接

空链接是未指派的链接。空链接用于向页面上的对象或文本附加行为。例如，可向空链接附加一个行为，以便在指针滑过该链接时会交换图像或显示绝对定位的元素（AP 元素）。

1. 创建空链接

（1）在【文档】窗口的【设计】视图中选择文本、图像或对象。

（2）在属性检查器中的【链接】框中输入"javascript:;"（javascript 一词后依次接一个冒号和一个分号）。

脚本链接执行 JavaScript 代码或调用 JavaScript 函数。它非常有用，能够在不离开当前 Web 页面的情况下为访问者提供有关某项的附加信息。脚本链接还可用于在访问者单击特定项时，执行计算、验证表单和完成其他处理任务。

2. 创建脚本链接

（1）在【文档】窗口的【设计】视图中选择文本、图像或对象。

（2）在属性检查器的【链接】框中，输入"javascript:"，后跟一些 JavaScript 代码或一个函数调用（在冒号与代码或调用之间不能输入空格）。

2.3.10　自动更新链接

当整个站点文件存储在本地磁盘上时，每当在本地站点内移动或重命名文档时，Dreamweaver 都可更新起自及指向该文档的链接。为了加快更新过程，Dreamweaver 可创建一个缓存文件，用以存储有关本地文件夹中的所有链接信息。在添加、更改或删除本地站点上的链接时，该缓存文件以不可见的方式进行更新。

1. 启用自动链接更新

（1）选择【编辑】→【首选参数】命令。

（2）在【首选参数】对话框中，从左侧的【分类】列表中选择【常规】选项。

（3）在【常规】首选参数的【文档选项】部分中的【移动文件时更新链接】下拉菜单

中选择一个选项,如图 2.39 所示。

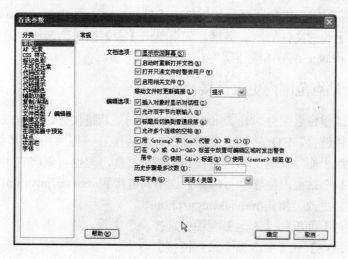

图 2.39　更新链接

- 【总是】:每当移动或重命名选定文档时,系统会自动更新起自和指向该文档的所有链接。
- 【从不】:在移动或重命名选定文档时,不自动更新起自和指向该文档的所有链接。
- 【提示】:显示一个对话框,列出此更改影响到的所有文件。单击【更新】可更新这些文件中的链接,而单击【不更新】将保留原文件不变。

2. 为站点创建缓存文件

(1)选择【站点】→【管理站点】命令。

(2)选择一个站点,然后单击【编辑】按钮。

(3)单击【高级】选项卡显示【站点定义为】对话框的【高级】类别,如图 2.40 所示。

(4)从左侧的【分类】列表中选择【本地信息】选项。

(5)在【本地信息】类别中,选择【启用缓存】选项。

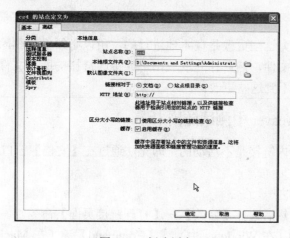

图 2.40　创建缓存

启动 Dreamweaver 后，第一次更改或删除指向本地文件夹中文件的链接时，Dreamweaver 会提示用户加载缓存。如果单击【是】按钮，则 Dreamweaver 会加载缓存，并更新指向刚刚更改的文件的所有链接。如果单击【否】按钮，则所做的更改只会记入缓存中，但 Dreamweaver 并不加载该缓存，也不更新链接。

2.3.11　在整个站点范围内更改链接

除每次移动或重命名文件时让 Dreamweaver 自动更新链接外，还可以手动更改所有链接（包括电子邮件链接、FTP 链接、空链接和脚本链接），使它们指向其他位置。

此选项最适用于删除其他文件所链接到的某个文件，但也可以将它用于其他用途。例如，可能已经在整个站点内将【本月电影】这个词链接到/movies/july.html。而到了 8 月 1 日，则必须将链接更改为指向/movies/august.html。

（1）在【文件】面板的【本地】视图中选择一个文件。

（2）选择【站点】→【更改整个站点链接】命令。

（3）在【更改整个站点链接】对话框中完成下列选项。

① 更改所有的链接。单击文件夹图标🗀，浏览并选择要取消链接的目标文件。如果更改的是电子邮件链接、FTP 链接、空链接或脚本链接，请输入要更改的链接的完整文本。

② 变成新链接。单击文件夹图标🗀，浏览并选择要链接到的新文件。如果更改的是电子邮件链接、FTP 链接、空链接或脚本链接，请输入替换链接的完整文本。

（4）单击【确定】按钮。

Dreamweaver 更新链接到选定文件的所有文档，使这些文档指向新文件，并沿用文档已经使用的路径格式。例如，如果旧路径为文档相对路径，则新路径也为文档相对路径。

在整个站点范围内更改某个链接后，所选文件就成为独立文件了（即本地硬盘上没有任何文件指向该文件）。这时可安全地删除此文件，而不会破坏本地 Dreamweaver 站点中的任何链接。

注意
　　因为这些更改是在本地进行的，所以必须手动删除远程文件夹中的相应独立文件，然后存回或取出已经更改链接的所有文件；否则，站点访问者将看不到这些更改。

2.3.12　在 Dreamweaver 中测试链接

在 Dreamweaver 内链接是不活动的，即无法通过在【文档】窗口中单击链接打开该链接所指向的文档。

请执行下列操作之一。

（1）选中链接，然后选择【修改】→【打开链接页面】命令。

（2）按下【Ctrl】（在 Windows 中）或【Command】键（在 Macintosh 中），同时双击选中的链接。

注意
　　链接的文档必须保存在本地磁盘上。

2.4　综　合　训　练

练习文件
　　第 2 章\第二章.html

　　创建页面布局之后，就可以将资源添加到页面了。先从添加图像开始。可以在 Dreamweaver 中使用多种方法向 Web 页面添加图像。本练习中介绍使用不同的方法将 4 个不同的图像添加到 Cafe Townsend 的索引页。

2.4.1　替换图像占位符

　　在 Dreamweaver 中创建 index.html 文件。双击页面顶部的图像占位符 banner_graphic，如图 2.41 所示。

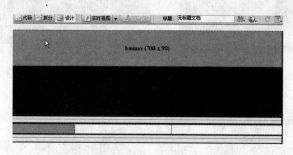

图 2.41　双击顶部图像占位符

　　在【选择图像源文件】对话框中，浏览【images】文件夹，选择【banner_graphic.jpg】文件并单击【确定】按钮，如图 2.42 所示。

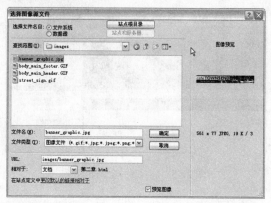

图 2.42　【选择图像源文件】对话框

Dreamweaver 会将图像占位符替换为 Cafe Townsend 的横幅图形。

在表格外单击一次取消选中该图像。单击【文件】→【保存】命令保存该页。

2.4.2　使用【插入】菜单插入图像

在第一个表格的第三行（低于刚插入的横幅图形两行，彩色表格单元格之上）内单击一次，如图 2.43 所示。

选择【插入】→【图像】命令。

在【选择图像源文件】对话框中，浏览至【images】文件夹，选择 body_main_header.gif 文件，然后单击【确定】按钮。如果出现【图像标签辅助功能属性】对话框，则单击【确定】按钮。

一个长的彩色图形出现在该表格行中。它看上去更像表格单元格的背景色，而不是图形，但如果仔细看，将看到该图形具有圆角，如图 2.44 所示。

图 2.43　单击选择第三行　　　　　　　　图 2.44　图形效果

2.4.3　通过拖动插入图像

在页面上最后一个表格的最后一行（彩色表格单元格之下）中单击一次。

在【文件】面板中，找到【body_main_footer.gif】文件（它位于【images】文件夹中），将该文件拖到最后一个表格的插入点，如图 2.45 所示。注意如果出现【图像标签辅助功能属性】对话框，则单击【确定】按钮即可。

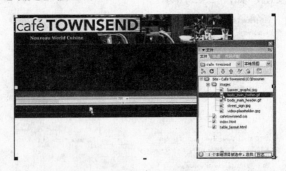

图 2.45　将文件拖到插入点

在表格外单击一次，并保存该页面。

2.4.4　从【资源】面板插入图像

　　单击【文件】面板中的【资源】选项卡，或选择【窗口】→【资源】命令，则会显示站点资源，如图 2.46 所示。

　　如果未选择【图像】视图，则单击【图像】以查看图像资源。

　　在【资源】面板中，选择 street_sign.jpg 文件，并将其拖到中心位置的表格单元格中的插入点，或者单击【资源】面板底部的【插入】按钮。注意如果出现【图像标签辅助功能属性】对话框，则单击【确定】按钮即可。street_sign.jpg 图形即显示在页面上，如图 2.47 所示。

图 2.46　【资源】选项卡

图 2.47　图形显示在页面上

　　在表格外单击一次以取消选中该图像。保存该页。

本 章 小 结

　　本章主要学习使用 Dreamweaver CS4 制作简单网页，涉及到的内容主要有网页中的基本网页元素包括文本、图片、链接等。完成基本网页的制作。

　　学习本章要求掌握的内容有添加文本并格式化，设置水平线，设置段落；添加链接，添加文档链接，添加添加图片、修改图片等。

课 后 习 题

一、选择题

1. 关于绝对路径的使用，以下说法错误的是（　　　）。

A. 使用绝对路径的链接不能链接本站点的文件，要链接本站点文件只能使用相对路径

B. 绝对路径是指包括服务器规范在内的完全路径，通常使用 http:// 来表示

C. 绝对路径不管源文件在什么位置都可以非常精确地找到

D. 如果希望链接其他站点上的内容，就必须使用绝对路径

2. （　　　）标记是插入到网页中的命名锚记。

A. 　　　　　　　　B. 　　　　　　　C. 　　　　　　　D.

3．关于网页中的换行，说法错误的是（　　　）。

A．可以直接在 HTML 代码中按下回车键换行，网页中的内容也会换行

B．可以使用
标签换行

C．可以使用<p>标签换行

D．使用
标签换行，行与行之间没有间隔；使用<p>标签换行，两行之间会空一行

4．网页通常可以支持的图像文件格式为（　　　）。

A．PNG、GIF 和 JPEG 　　　　　　B．BMP、GIF 和 JPEG

C．PNG、GIF 和 PSD 　　　　　　D．AVI、GIF 和 JPEG

5．（　　）不能创建超级链接。

A．文本　　　　　B．图片　　　　　C．邮件地址　　　D．视频

6．（　　）不能在网页的"页面属性"中进行设置。

A．文档编码

B．背景颜色、文本颜色、链接颜色

C．网页背景图及其透明度

D．跟踪图像及其透明度

二、填空题

1．在链接位置输入＿＿＿＿＿＿，可以制作邮件链接，用户设置时还可以替浏览者加入邮件的＿＿＿＿＿＿。

2．创建到锚点的链接的过程分为两步：首先＿＿＿＿＿，然后＿＿＿＿＿＿＿。

3．"图像"属性面板中的▢图标是＿＿＿＿＿工具，可用于绘制＿＿＿＿＿。

4．链接颜色可分为 4 种状态＿＿＿＿＿、＿＿＿＿＿、＿＿＿＿＿和＿＿＿＿。

5．段落对齐有左对齐、右对齐、＿＿＿＿＿和两端对齐 4 种方式。

三、简答题

1．简述绝对路径和相对路径的区别。

2．在一个文档中可以创建哪几种类型的链接？

3．简述链接颜色 4 种状态的区别。

第3章 使用表格

教学提示： 表格是用于在 HTML 页上显示表格式数据，以及对文本和图形进行布局的强有力的工具。表格由一行或多行组成，每行又由一个或多个单元格组成。用户可以使用表格快速轻松地创建布局。

教学内容： 本章将介绍制作表格的主要操作，掌握新建表格、设置表格属性、拆分合并表格、嵌套表格、排序表格，并熟悉导入导出表格数据、扩展表格模式。

3.1 制 作 表 格

表格由一行或多行组成，每行又由一个或多个单元格组成。虽然 HTML 代码中通常不明确指定列，但 Dreamweaver 允许用户操作列、行和单元格。

3.1.1 插入基本表格

使用【插入】面板或【插入】菜单来创建一个新表格。然后，按照在表格外添加文本和图像的方式，向表格单元格中添加文本和图像。

（1）在【文档】窗口的【设计】视图中，将插入点放在需要表格出现的位置。

（2）选择【插入】→【表格】命令，如图 3.1 所示。或者在【插入】面板的【常用】类别中，单击【表格】按钮。

图 3.1 【插入】→【表格】命令

注意

如果文档是空白的，则只能将插入点放置在文档的开头。

（3）设置【表格】对话框的属性，然后单击【确定】按钮创建表格，如图 3.2 所示。

图 3.2 【表格】对话框

- 【行数】：确定表格行的数目。
- 【列】：确定表格列的数目。
- 【表格宽度】：以像素为单位或按占浏览器窗口宽度的百分比指定表格的宽度。
- 【边框粗细】：指定表格边框的宽度（以像素为单位）。
- 【单元格间距】：决定相邻的表格单元格之间的像素数。

注意

　　若要确保浏览器显示表格时不显示边距或间距，请将【单元格边距】和【单元格间距】设置为 0。

- 【单元格边距】：确定单元格边框与单元格内容之间的像素数。
- 【无】：对表格不启用列或行标题。
- 【左】：可以将表格的第一列作为标题列，以便为表格中的每一行输入一个标题。
- 【顶部】：可以将表格的第一行作为标题行，以便为表格中的每一列输入一个标题。
- 【两者】：使用户能够在表格中输入列标题和行标题。
- 【标题】：提供一个显示在表格外的表格标题。
- 【摘要】：给出了表格的说明。屏幕阅读器可以读取摘要文本，但是该文本不会显示在用户的浏览器中。

3.1.2　表格格式设置优先顺序

当在【设计】视图中对表格进行格式设置时，用户可以设置整个表格或表格中所选行、列或单元格的属性。如果将整个表格的某个属性（如背景颜色或对齐）设置为一个值，而将单个单元格的属性设置为另一个值，则单元格格式设置优先于行格式设置，行格式设置又优先于表格格式设置。

表格格式设置的优先顺序为单元格→行数→表格。

例如，如果将单个单元格的背景颜色设置为蓝色，然后将整个表格的背景颜色设置为黄色，则蓝色单元格不会变为黄色，因为单元格格式设置优先于表格格式设置。

3.1.3　拆分和合并表格单元格

可用属性检查器或【修改】→【表格】子菜单中的命令拆分或合并单元格。

另一种合并和拆分单元格的方法是使用 Dreamweaver 中提供的用于增加和减少单元格所跨行数或列数的工具。

1．表格中的两个或多个单元格

（1）择连续行中形状为矩形的单元格。

如图 3.3 所示，所选部分都是矩形的单元格，因此可以合并这些单元格。

如图 3.4 所示，所选部分不是矩形，因此不能合并这些单元格。

（2）请执行下列操作之一。

① 选择【修改】→【表格】→【合并单元格】命令，如图 3.5 所示。

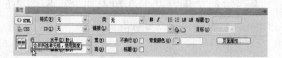

图 3.3 合并单元格

图 3.4 不能合并单元格

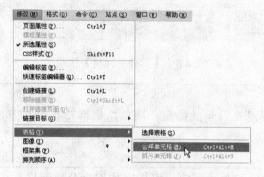

图 3.5 【合并单元格】命令

② 在展开的属性检查器中,单击【合并单元格】 按钮,如图 3.6 所示。

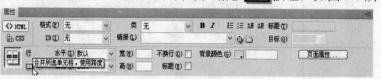

图 3.6 【合并单元格】按钮

注意

如果没有看到此按钮,请单击属性检查器右下角的箭头,以便可以看到所有选项。

单个单元格的内容放置在最终的合并单元格中。所选的第一个单元格的属性将应用于合并的单元格。

2．拆分单元格

（1）单击某个单元格并执行下列操作之一。

① 选择【修改】→【表格】→【拆分单元格】命令，如图 3.7 所示。

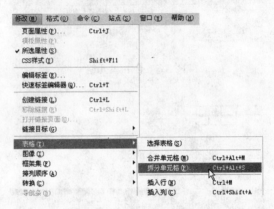

图 3.7 　【拆分单元格】命令

② 在展开的属性检查器中，单击【拆分单元格】 按钮，如图 3.8 所示。

图 3.8 　【拆分单元格】按钮

注意
　　如果没有看到此按钮，请单击属性检查器右下角的箭头，以便可以看到所有选项。

（2）在【拆分单元格】对话框中，可指定如何拆分单元格，如图 3.9 所示。

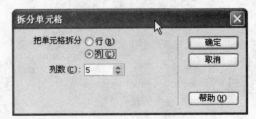

图 3.9 　【拆分单元格】对话框

● 【把单元格拆分】：指定将单元格拆分成行还是列。
● 【行数/列数】：指定将单元格拆分成多少行或多少列。

3.1.4　导入和导出表格式数据

可以将在另一个应用程序（如 Microsoft Excel）中创建，并以分隔文本的格式（其中的项以制表符、逗号、冒号或分号隔开）保存的表格式数据导入到 Dreamweaver 中，并设置为表格格式。

也可以将表格数据从 Dreamweaver 导出到文本文件中，相邻单元格的内容由分隔符隔开。可以使用逗号、冒号、分号或空格作为分隔符。当导出表格时，系统将导出整个表格，不能选择导出部分表格。

1. 导入表格数据

（1）可执行如下操作之一。

① 选择【文件】→【导入】→【表格式数据】命令。

② 在【插入】面板的【数据】类别中，单击【导入表格式数据】图标，如图 3.10 所示。

图 3.10　【插入】面板

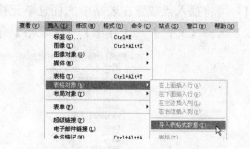

图 3.11　【导入表格式数据】命令

③ 选择【插入】→【表格对象】→【导入表格式数据】，如图 3.11 所示。

（2）请指定表格式数据选项，然后单击【确定】按钮。

如图 3.12 所示为【导入表格式数据】对话框。

● 【数据文件】：要导入的文件的名称。单击【浏览】按钮选择一个文件。

● 【定界符】：要导入的文件中所使用的分隔符。

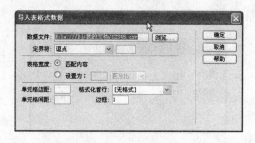

图 3.12　【导入表格式数据】对话框

如果选择【其他】，则下拉菜单的右侧会出现一个文本框，可输入文件中要使用的分隔符。

注意

　　应将分隔符指定为先前保存数据文件时所使用的分隔符。如果不这样做，则无法正确地导入文件，也无法在表格中对数据进行正确的格式设置。

- 【表格宽度】：表格的宽度。
  - ➢ 选择【匹配内容】可使每列足够宽以适应该列中最长的文本字符串。
  - ➢ 选择【设置为】可以像素为单位指定固定的表格宽度，或按占浏览器窗口宽度的百分比指定表格宽度。
- 【边框】：指定表格边框的宽度（以像素为单位）。
- 【单元格边距】：单元格内容与单元格边框之间的像素数。
- 【单元格间距】：相邻的表格单元格之间的像素数。
- 【格式化首行】：确定应用于表格首行的格式设置（如果存在）。可从以下 4 个格式设置选项中进行选择：【无格式】、【粗体】、【斜体】或【加粗斜体】。

2．导出表格数据

（1）请将插入点放置在表格中的任意单元格中。

（2）选择【文件】→【导出】→【表格】命令，如图 3.13 所示。

图 3.13　【文件】→【导出】→【表格】命令

（3）指定选项，如图 3.14 所示。

图 3.14　【导出表格】对话框

- 【定界符】：指定应该使用哪种分隔符在导出的文件中隔开各项。
- 【换行符】：指定将在哪种操作系统中打开导出的文件，如 Windows、Macintosh，还是 UNIX（不同的操作系统具有不同的指示文本行结尾的方式）。

（4）单击【导出】按钮。

（5）输入文件名称，然后单击【保存】按钮。

3.1.5 设置表格属性

可以使用属性检查器编辑表格。

（1）选择表。

（2）在属性检查器中，单击右下角的展开箭头，然后根据需要更改属性。

图 3.15 属性检查器

- 【对齐】：确定表格相对于同一段落中的其他元素（如文本或图像）的显示位置。
  - ➢ 【左对齐】：沿其他元素的左侧对齐表格（因此同一段落中的文本在表格的右侧换行）。
  - ➢ 【右对齐】：沿其他元素的右侧对齐表格（文本在表格的左侧换行）。
  - ➢ 【居中对齐】：将表格居中（文本显示在表格的上方和/或下方）。
  - ➢ 【默认】：指示浏览器应该使用其默认对齐方式。

技巧

当将对齐方式设置为【默认】时，其他内容不显示在表格的旁边。若要在其他内容旁边显示表格，请使用【左对齐】或【右对齐】。

- 【边框】：指定表格边框的宽度（以像素为单位）。
- 【类】：对该表格设置一个 CSS 类。
- 【清除列宽】和【清除行高】：从表格中删除所有明确指定的行高或列宽。
- 【将表格宽度转换成像素】和【将表格高度转换成像素】：将表格中每列的宽度或高度设置为以像素为单位的当前宽度（还可将整个表格的宽度设置为以像素为单位的当前宽度）。
- 【将表格宽度转换成百分比】和【将表格高度转换成百分比】：将表格中每列的宽度或高度设置为按占【文档】窗口宽度百分比表示的当前宽度（还可将整个表格的宽度设置为按占【文档】窗口宽度百分比表示的当前宽度）。

如果在文本框中输入了值，则可以按【Tab】或【Enter】键来应用该值。

3.1.6 设置单元格、行或列属性

可以使用属性检查器编辑表格中的单元格和行。

（1）选择列或行。

（2）在属性检查器中设置选项，如图 3.16 所示。

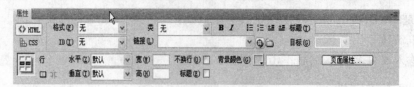

图 3.16　属性检查器

- 【水平】：指定单元格、行或列中内容的水平对齐方式。可以将内容对齐到单元格的左侧、右侧或使之居中对齐，也可以指示浏览器使用其默认的对齐方式（通常常规单元格为左对齐，标题单元格为居中对齐）。
- 【垂直】：指定单元格、行或列中内容的垂直对齐方式。可以将内容对齐到单元格的顶端、中间、底部或基线，或者指示浏览器使用其默认的对齐方式（通常是中间）。
- 【宽】和【高】：所选单元格的宽度和高度，以像素为单位或按整个表格宽度或高度的百分比指定。若要指定百分比，请在值后面使用百分比符号（%）。若要让浏览器根据单元格的内容，以及其他列和行的宽度和高度确定适当的宽度或高度，请将此域留空（默认设置）。

默认情况下，浏览器选择行高和列宽的依据是能够在列中容纳最宽的图像或最长的行。这就是为什么当用户将内容添加到某个列时，该列有时变得比表格中其他列宽得多的原因。

> **注意**
>
> 可以按占表格总高度的百分比指定一个高度，但是浏览器中行可能不以指定的百分比高度显示。

- 【链接】：单元格、列或行的背景图像的文件名。可单击文件夹图标浏览到某个图像，或使用【指向文件】图标选择某个图像文件。
- 【合并单元格】：将所选的单元格、行或列合并为一个单元格。只有当单元格形成矩形或直线的块时才可以合并这些单元格。
- 【拆分单元格】：将一个单元格分成两个或更多个单元格。一次只能拆分一个单元格；如果选择的单元格多于一个，则此按钮将禁用。
- 【不换行】：防止换行，从而使给定单元格中的所有文本都在一行上。如果启用了【不换行】，则当输入数据或将数据粘贴到单元格时单元格会加宽来容纳所有数据（通常，单元格在水平方向扩展以容纳单元格中最长的单词或最宽的图像，然后根据需要在垂直方向进行扩展以容纳其他内容）。
- 【标题】：将所选的单元格格式设置为表格标题单元格。默认情况下，表格标题单元格的内容为粗体并且居中。

（3）按【Tab】键或【Enter】键以应用该值。

> **注意**
>
> 当设置列的属性时，Dreamweaver 会更改对应于该列中每个单元格的 td 标签的属性。但是，当设置行的某些属性时，Dreamweaver 将更改 tr 标签的属性，而不是更改行中每个 td 标签的属性。在将同一种格式应用于行中的所有单元格时，将格式应用于 tr 标签会生成更加简明清晰的 HTML 代码。

3.1.7 添加及删除行和列

若要添加和删除行和列，请使用【修改】→【表格】命令或列标题菜单。

1．添加单个行或列

单击某个单元格并执行下列操作之一。

① 选择【修改】→【表格】→【插入行】命令或【修改】→【表格】→【插入列】命令，如图 3.17 所示，则会在插入点的上面出现一行或在插入点的左侧出现一列。

图 3.17 选择【插入列】

② 单击列标题菜单，然后选择【左侧插入列】或【右侧插入列】命令，如图 3.18 所示。

2．添加多行或多列

（1）单击一个单元格。

（2）选择【修改】→【表格】→【插入行或列】命令，完成对话框设置，然后单击【确定】按钮，如图 3.19 所示。

图 3.18 插入列

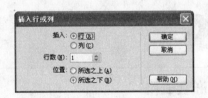

图 3.19 【插入行或列】对话框

- 【插入】：指示是插入行还是插入列。
- 【行数/列数】：要插入的行数或列数。
- 【位置】：指定新行或新列应该显示在所选单元格所在行或列的前面还是后面。

3．删除行或列

请执行如下操作之一。

① 单击要删除的行或列中的一个单元格，然后选择【修改】→【表格】→【删除行】

或【修改】→【表格】→【删除列】命令，如图 3.20 所示。

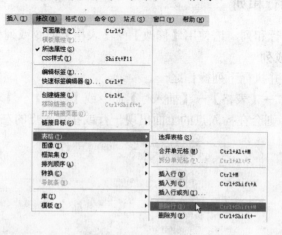

图 3.20　删除行或列

② 选择完整的一行或列，然后选择【编辑】→【清除】命令或按【Delete】键。

4．使用属性检查器添加或删除行或列

（1）选择表格。

（2）在属性检查器中，执行下列操作之一，如图 3.21 所示。

图 3.21　属性检查器

① 若要添加或删除行，请增加或减小【行】值。

② 若要添加或删除列，请增加或减小【列】值。

注意
当删除包含数据的行和列时，Dreamweaver 不发出警告。

3.1.8　嵌套表格

嵌套表格是在另一个表格的单元格中的表格，可以像对任何其他表格一样对嵌套表格进行格式设置，但是，其宽度受它所在单元格的宽度的限制。

（1）单击现有表格中的一个单元格。

（2）选择【插入】→【表格】命令，设置【表格】选项，然后单击【确定】按钮。

3.2 排 序 表 格

可以根据单个列的内容对表格中的行进行排序，还可以根据两个列的内容执行更加复杂的表格排序。

不能对包含 colspan 或 rowspan 属性的表格（即包含合并单元格的表格）进行排序。

（1）选择该表格或单击任意单元格。

（2）选择【命令】→【排序表格】命令，如图 3.22 所示。在对话框中设置选项，然后单击【确定】按钮，如图 3.23 所示。

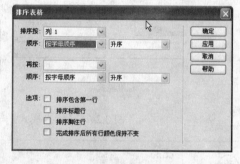

图 3.22 【命令】→【排序表格】命令 　　　　图 3.23 【排序表格】对话框

- 【排序按】：确定使用哪个列的值对表格的行进行排序。
- 【顺序】：确定是按字母还是按数字顺序，以及是以升序（A 到 Z，数字从小到大）还是以降序对列进行排序。

当列的内容是数字时，选择【按数字顺序】选项。如果按字母顺序对一组由一位或两位数组成的数字进行排序，则会将这些数字作为单词进行排序（排序结果为 1、10、2、20、3、30），而不是将它们作为数字进行排序（排序结果为 1、2、3、10、20、30）。

- 【再按】和【顺序】：确定将在另一列上应用的第二种排序方法的排序顺序。在【再按】下拉菜单中指定将应用第二种排序方法的列，并在【顺序】下拉菜单中指定第二种排序方法的排序顺序。
- 【排序包含第一行】：指定将表格的第一行包括在排序中。如果第一行是不能移动的标题，则不选择此选项。
- 【排序标题行】：指定使用与主体行相同的条件对表格的 thead 部分（如果有）中的所有行进行排序（请注意，即使在排序后，thead 行也将保留在 thead 部分并仍显示在表格的顶部）。有关 thead 标签的信息，请参阅【参考】面板。
- 【排序脚注行】：指定按照与主体行相同的条件对表格的 tfoot 部分（如果有）中的所有行进行排序（请注意，即使在排序后，tfoot 行也将保留在 tfoot 部分并仍显示在表格的底部）。有关 tfoot 标签的信息，请参阅【参考】面板。

● 【完成排序后所有行颜色保持不变】：指定排序之后表格行属性（如颜色）应该与同一内容保持关联。如果表格行使用两种交替的颜色，则不要选择此选项以确保排序后的表格仍具有颜色交替的行。如果行属性特定于每行的内容，则选择此选项以确保这些属性保持与排序后表格中正确的行关联在一起。

3.3　扩展表格模式

扩展表格模式可临时向文档中的所有表格添加单元格边距和间距，并且增加表格的边框以使编辑操作更加容易。利用这种模式，可以选择表格中的项目或者精确地放置插入点。

例如，可以扩展一个表格以便将插入点放置在图像的左边或右边，从而避免无意中选中该图像或表格单元格，如图 3.24 所示。

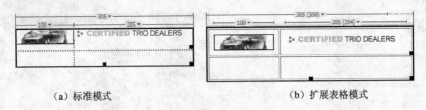

　　　（a）标准模式　　　　　　　　　　　　　　（b）扩展表格模式

图 3.24　【标准模式】与【扩展表格模式】的区别

注意

一旦做出选择或放置插入点后，应该回到【设计】视图的标准模式中进行编辑。诸如调整大小之类的一些可视操作在扩展表格模式中不会产生预期效果。

1．切换到扩展表格模式

如果使用的是【代码】视图，请选择【查看】→【设计】命令【查看】→【代码和设计】命令（在【代码】视图下无法切换到扩展表格模式）。

请执行下列操作之一。

① 选择【查看】→【表格模式】→【扩展表格模式】命令，如图 3.25 所示。

② 在【插入】面板的【布局】类别中，单击【扩展】模式，如图 3.26 所示。

图 3.25　【扩展表格模式】命令

图 3.26　单击【扩展】模式

【文档】窗口的顶部会出现标有【扩展表格模式】的标签。Dreamweaver 会向页上的所有表格添加单元格边距与间距，并增加表格边框。

2．切换出扩展表格模式

请执行下列操作之一。

① 在【文档】窗口顶部的【扩展表格模式】标签中单击【退出】，如图 3.27 所示。

② 选择【查看】→【表格模式】→【标准模式】命令，如图 3.28 所示。

图 3.27　退出扩展模式

图 3.28　【查看】→【表格模式】→【标准模式】命令

③ 在【插入】面板的【布局】类别中，单击【标准】模式，如图 3.29 所示。

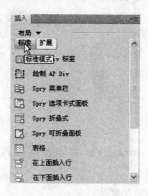

图 3.29　【布局】→【标准】模式

3.4　综 合 训 练

练习文件
　　第 3 章\第三章实例.html

本练习将使用 Dreamweaver 制作课程表。

3.4.1　插入表格

（1）在文档窗口中将插入点放到文档中，然后执行下列操作之一。

① 选择【插入】→【表格】命令。

② 在【插入】面板的【常用】类别中，单击【表格】按钮。

出现【表格】对话框，如图 3.30 所示。

（2）在【表格】对话框中设置下列选项。

● 在【行数】文本框中输入 4。

● 在【列】文本框中输入 6。

● 在【表格宽度】文本框中输入 600，然后在右边的下拉式菜单中选择【像素】选项。将【表格宽度】设置为 600 像素会创建一个固定宽度的表格。稍后，我们将在本教程中更详细地讨论表格宽度。

● 在【边框粗细】文本框中输入 1，将表格和表格单元格周围的边框宽度设置为 1 个像素。

● 在【标题】文本框中输入"课程表"，表格上方将显示标题"课程表"，如图 3.31 所示。

图 3.30 【表格】对话框

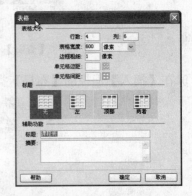

图 3.31 设置【表格】对话框

（3）单击【确定】按钮，Dreamweaver 将该表格插入到文档中。

（4）在表格中添加课表信息。

（5）执行下列操作之一来保存文档。

① 选择【文件】→【保存】命令。

② 按【Ctrl+S】组合键。

按【F12】键可预览保存的文档，如图 3.32 所示。

图 3.32 预览文档

3.4.2 修改表格

1．使表格成为标题单元格

（1）选中左部和顶部，在设计视图中按住【Ctrl】键并使用鼠标左键选择多个单元格，如图 3.33 所示。

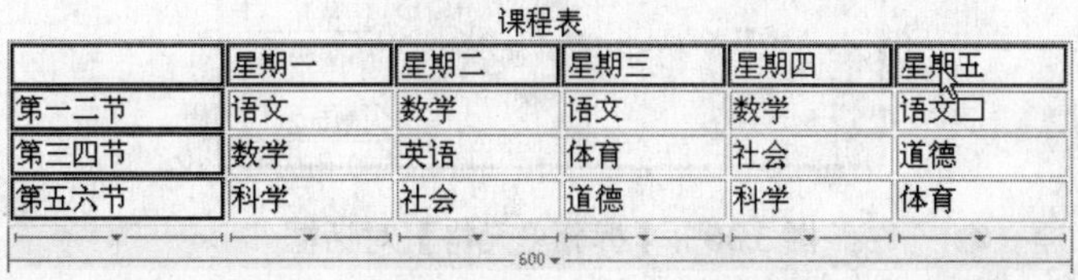

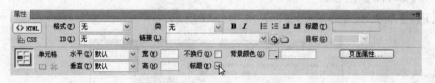

图 3.33 选择多个单元格

（2）在属性对话框中选择【标题】选项可将选中的单元格转换为标题单元格，如图 3.34 所示。

图 3.34 选择【标题】选项

（3）执行下列操作之一来保存文档。

① 选择【文件】→【保存】命令。

② 按【Ctrl+S】组合键。

按【F12】键可预览保存的文档，如图 3.35 所示。

图 3.35 预览文档

2．在单元格中添加行和列

（1）在表格中将插入点放到要添加行和列的单元格，然后执行下列操作之一。

① 在展开的属性检查器中，单击【拆分单元格】按钮。

② 选择【修改】→【表格】→【拆分单元格】命令。

③ 按【Ctrl+Alt+S】组合键。

④ 单击鼠标右键，在出现的菜单中选择【表格】→【拆分单元格】命令。

出现【拆分单元格】对话框，如图 3.36 所示。

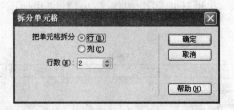

图 3.36　【拆分单元格】对话框

拆分两次，将其拆分成两行两列。

（2）保存并预览。执行下列操作之一来保存文档。

① 选择【文件】→【保存】命令。

② 按【Ctrl+S】组合键。

按【F12】键可预览保存的文档，如图 3.37 所示。

图 3.37　预览文档

本 章 小 结

表格是用于在 HTML 页上显示表格式数据，以及对文本和图形进行布局的强有力的工具。通过表格来布局网页，可以精细化控制元素的排列方式和位置。可通过灵活的表格变化实现多样性的页面布局。通过本章学习，可以熟练掌握通过表格来布局网页的方法，主要的技术有设置表格的相关属性，拆分合并表格，嵌套表格，导入导出数据操作，以及对表格进行排序等。

课 后 习 题

一、选择题

1. 在 Dreamweaver 中，（　　　）不能通过鼠标选择整个表格。

A. 当光标在表格中时，在 Dreamweave 界面窗口左下角的标签选择器中单击< table >标签

B. 将鼠标移动到表格的底部或右部的边框，当鼠标指针变成 ↔ 形状时，单击鼠标

C. 将鼠标移到任何的表格框上，当鼠标指针变成 ⇌ 形状时，单击鼠标

D. 把鼠标指针移到单元格里，再双击鼠标

2．在 Dreamweaver 中，下面关于布局表格属性的说法错误的是（　　　）。

A. 可以设置宽度

B. 可以设置高度

C. 可以设置表格的背景颜色

D. 可以设置单元格之间的距离，但是不能设置单元格内部的内容和单元格边框之间的距离

3．关于布局表格与布局单元格的绘制，正确的操作方法是（　　　）。

A. 在按住【Shift】键的同时拖动鼠标绘制多个布局表格或布局单元格

B. 可以直接在页面上绘制布局单元格

C. 只能在布局表格中绘制布局单元格

D. 在按住【Ctrl】键的同时拖动鼠标能保证绘制表格或单元格的间距精确到一个像素

4．下列关于表格与图层的关系说法正确的是（　　　）。

A. 只有表格能转化成图层

B. 只有图层能转化成表格

C. 表格和图层可以互相转化

D. 层只有在不与其他层交叠的情况下才能转化成表格

二、填空题

1．为了使所设计的表格在浏览网页时不显示表格的边框，应把表格的边框宽度设为_____。

第4章 使用框架和AP元素

教学提示： 框架是网页中常使用的页面设计方式之一。利用框架技术，可以将不同的文档显示在同一个浏览器窗口中，可以实现文档之间的相互控制，如文档导航、文档浏览及文档操作等。框架同时带来了网页设计导航的新方式，目录索引或导航条始终显示于页面的目录区域中，这样便于用户继续浏览其他的网页。

教学内容： 本章将介绍如何创建框架，设置框架属性，以及如何创建并使用AP元素。

4.1 了解框架和框架集

框架是网页中常使用的页面设计方式之一。它是指将网页在一个浏览器窗口下分割成几个不同区域的形式。利用框架技术，可以将不同的文档显示在同一个浏览器窗口中。通过构建这些显示在同一窗口中的文档之间的相互链接关系，可以实现文档之间的相互控制，如实现文档导航、文档浏览及文档操作等目的。

框架带来了设计网页导航的新方式，使用了框架后，浏览器窗口中的几个窗口都可被单独控制，这就使得某些信息可以长时间地保留，而另一些信息可被不断更新。例如，在浏览器窗口中左方或上方的区域为目录区域，其中显示文档页面的目录索引或导航条，而将右方或下方的区域作为主体区域，其中显示网页主体内容。通过单击不同的目录索引项或导航条按钮，就可以在主体区域实现网页之间的导航。在浏览网页的同时，目录索引或导航条始终显示于页面的目录区域中，这样便于用户继续浏览其他的网页。

如图4.1所示显示了一个由两个框架组成的框架布局。一个较窄的框架位于侧面，其中包含导航条；一个大框架占据了页面的其余部分，其中包含主要内容。这些框架中的每一个都显示单独的HTML文档。

图4.1 框架实例

在此示例中，当访问者浏览站点时，在左侧框架中显示的文档永远不更改，侧面框架导航条包含链接；单击其中某一链接会更改主要内容框架中的内容，但侧面框架本身的内容保持静态。当访问者在左侧单击某个链接时，会在右侧的主内容框架中显示相应的文档。

所谓框架集，就是框架的集合。框架集实际上是一个页面，用于定义在一个文档窗口中显示多个文档的框架结构。框架集是 HTML 文件，它可定义一组框架的布局和属性，包括框架的数目、大小和位置，以及最初在每个框架中显示的页面的 URL。框架集文件本身不包含要在浏览器中显示的 HTML 内容，但 noframes 部分除外；框架集文件只是向浏览器提供应如何显示一组框架，以及在这些框架中应显示哪些文档的有关信息。

4.2　创建框架和框架集

在 Dreamweaver 中有两种创建框架集的方法，即可以从若干预定义的框架集中选择，也可以自己设计框架集。

选择预定义的框架集将会设置创建布局所需的所有框架集和框架，它是迅速创建基于框架的布局的最简单的方法。可在【文档】窗口的【设计】视图中插入预定义的框架集，还可以通过向【文档】窗口中添加【拆分器】，在 Dreamweaver 中设计自己的框架集。

技巧

　　在创建框架集或使用框架前，通过选择【查看】→【可视化助理】→【框架边框】命令，可使框架边框在【文档】窗口的【设计】视图中可见，如图 4.2 所示。

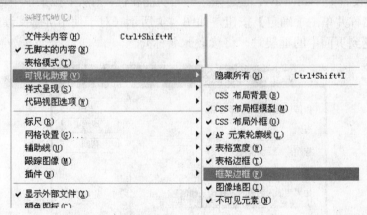

图 4.2　【框架边框】命令

4.2.1　创建预定义的框架集并在某一框架中显示现有文档

选择预定义的框架集将会设置创建布局所需的所有框架集和框架，它是迅速创建基于框架的布局的最简单的方法。

（1）将插入点放在文档中并执行下列操作之一。

① 选择【插入】→【HTML】→【框架】命令，再选择预定义的框架集，如图 4.3 所示。

图 4.3　【框架】命令

　　② 在【插入】面板的【布局】类别中，单击【框架】按钮上的下拉箭头，然后选择预定义的框架集。

　　框架集图标提供应用于当前文档的每个框架集的可视化表示形式。框架集图标的蓝色区域表示当前文档，而白色区域表示将显示其他文档的框架。

　　（2）如果要设置 Dreamweaver 框架标签辅助功能属性，则从下拉菜单中选择一个框架，输入此框架的名称并单击【确定】按钮，如图 4.4 所示（对于使用屏幕阅读器的访问者，屏幕阅读器在遇到页面中的框架时，将读取此名称）。

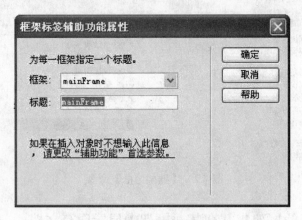

图 4.4　框架标签辅助功能属性

注意
　　单击【取消】按钮，该框架集将出现在文档中，但 Dreamweaver 不会将它与辅助功能标签或属性相关联。

技巧

选择【窗口】→【框架】命令，可查看所命名的框架的关系图，如图 4.5 所示。

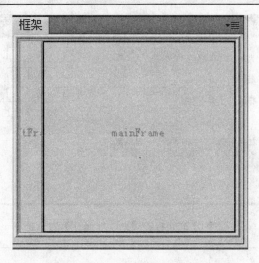

图 4.5 【框架】视图

4.2.2 创建空的预定义框架集

（1）选择【文件】→【新建】命令。

（2）在【新建文档】对话框中，选择【示例中的页】类别，如图 4.6 所示。

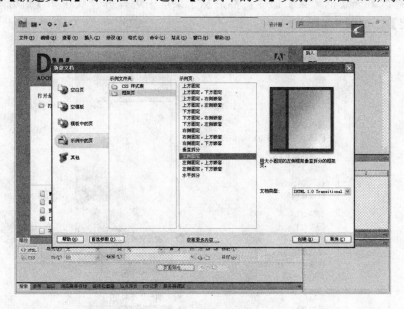

图 4.6 新建框架页

（3）在【示例文件夹】列中选择【框架页】文件夹。

（4）从【示例页】列中选择一个框架集并单击【创建】按钮。

（5）如果已在【首选参数】中激活框架辅助功能属性，则会出现【框架标签辅助功能属性】对话框，设置完成后单击【确定】按钮，如图 4.7 所示。

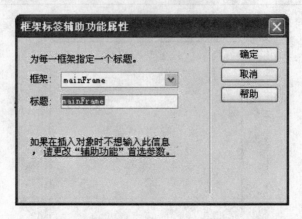

图 4.7　【框架标签辅助功能属性】对话框

　注意

　　如果单击【取消】按钮，该框架集将出现在文档中，但 Dreamweaver 不会将它与辅助功能标签或属性相关联。

4.2.3　创建框架集

选择【修改】→【框架集】命令，然后从子菜单中选择拆分项（如【拆分左框架】或【拆分右框架】），如图 4.8 所示。

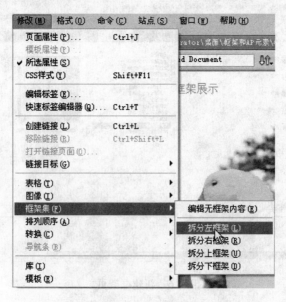

图 4.8　【修改】→【框架集】命令

Dreamweaver 将窗口拆分成几个框架。如果打开一个现有的文档，它将出现在其中一个框架中。

4.2.4　将一个框架拆分为几个更小的框架

要拆分插入点所在的框架，可从【修改】→【框架集】子菜单中选择拆分项，如图 4.9 所示。

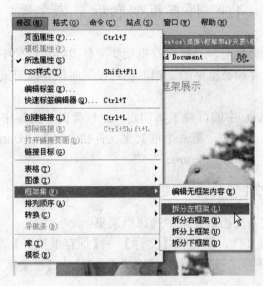

图 4.9　【修改】→【框架集】命令

- 若要以垂直或水平方式拆分一个框架或一组框架，请将框架边框从【设计】视图的边缘拖入到【设计】视图的中间。
- 若要使用不在设计视图边缘的框架边框拆分一个框架，请按住【Alt】键拖动框架边框。
- 若要将一个框架拆分成 4 个框架，请将框架边框从【设计】视图一角拖入框架的中间。

注意

若要创建 3 个框架，请先创建两个框架，然后拆分其中一个框架。不编辑框架集代码是很难合并两个相邻框架的，所以将 4 个框架转变成 3 个框架要比将两个框架转变成 3 个框架更难。

4.2.5　删除框架

删除框架可将边框框架拖离页面或拖到父框架的边框上。

如果要删除的框架中的文档有未保存的内容，则 Dreamweaver 将提示用户保存该文档。

注意

用户不能通过拖动边框完全删除一个框架集。要删除一个框架集，请关闭显示它的【文档】窗口。如果该框架集文件已保存，则系统会删除该文件。

4.2.6　调整框架大小

- 若要设置框架的近似大小，请在【文档】窗口的【设计】视图中拖动框架边框。
- 若要指定准确大小，并指定当浏览器窗口大小不允许框架以完全大小显示时浏览器分配给框架的行或列的大小，可使用属性检查器。

4.3　保存框架和框架集文件

在浏览器中预览框架集前，必须保存框架集文件及要在框架中显示的所有文档。可以单独保存每个框架集文件和带框架的文档，也可以同时保存框架集文件和框架中出现的所有文档。

在使用 Dreamweaver 中的可视工具创建一组框架时，框架中显示的每个新文档都将获得一个默认的文件名。例如，第一个框架集文件被命名为"UntitledFrameset-"，而框架中第一个文档被命名为"UntitledFrame-"。

4.3.1　保存框架集文件

在【框架】面板或【文档】窗口中选择框架集。

- 若要保存框架集文件，请选择【文件】→【保存框架页】命令。
- 若要将框架集文件另存为新文件，请选择【文件】→【框架集另存为】，如图 4.10 所示。

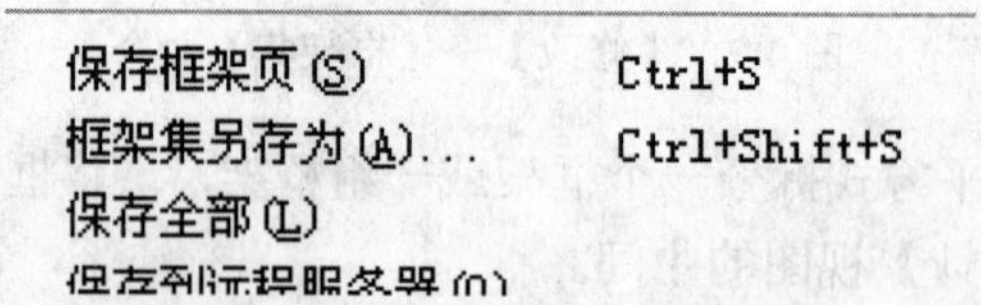

保存框架页 (S)	Ctrl+S
框架集另存为 (A)...	Ctrl+Shift+S
保存全部 (L)	
保存到远程服务器 (Q)	

图 4.10　【文件】→【保存框架页】或【框架集另存为】命令

4.3.2　保存框架中显示的文档

单击框架，然后选择【文件】→【保存框架】或选择【文件】→【框架另存为】命令即可，如图 4.11 所示。

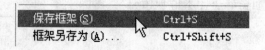

图 4.11　【保存框架】命令

4.3.3　保存与一组框架关联的所有文件

选择【文件】→【保存全部】命令即可，如图 4.12 所示。

图 4.12　【文件】→【保存全部】命令

　　该命令将保存在框架集中打开的所有文档，包括框架集文件和所有带框架的文档。如果未保存该框架集文件，则在【设计】视图中的框架集（或未保存的框架）的周围将出现粗边框，这时可以选择文件名。

注意
　　如果使用【文件】→【在框架中打开】命令，在框架中打开文档，则在保存框架集时，在框架中打开的文档将成为在该框架中显示的默认文档。

4.4　设置框架样式

　　使用属性检查器可查看和设置大多数框架属性，包括边框、边距，以及是否在框架中显示滚动条等。设置框架属性将覆盖框架集中该属性的设置。
　　用户还可以设置某些框架属性，如 title 属性（它和 name 属性不同），以改进辅助功能。在创建框架时，可以使用用于框架的辅助功能创作选项来设置属性，也可以在插入框架后设置属性。若要编辑框架的辅助功能属性，请直接使用标签检查器编辑 HTML 代码。

4.4.1　查看或设置框架属性

（1）通过执行下列操作之一选择框架。
① 在【文档】窗口的【设计】视图中，按住【Alt】键单击框架，如图 4.13 所示。
② 在【框架】面板中单击框架。

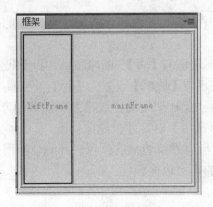

图 4.13　【框架】视图

（2）在属性检查器中，单击右下角的展开箭头，查看所有框架属性，如图 4.14 所示。

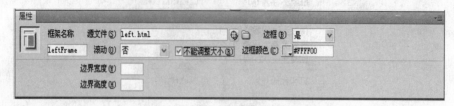

图 4.14　框架的属性

（3）设置框架属性检查器选项。

● 【框架名称】：链接的 target 属性或脚本在引用框架时所使用的名称。框架名称必须是单个单词；允许使用下画线（_），但不允许使用连字符（.）、句点（.）和空格。框架名称必须以字母开头，而不能以数字开头。框架名称区分大小写。不要使用 JavaScript 中的保留字（如 top 或 navigator）作为框架名称。

注意

　　若要使链接更改其他框架的内容，必须对目标框架命名。若要使以后创建跨框架链接更容易一些，请在创建框架时对每个框架命名。

● 【源文件】：指定在框架中显示的源文件。单击文件夹图标可以浏览到一个文件并选择一个文件。
● 【滚动】：指定在框架中是否显示滚动条。将此选项设置为【默认】将不设置相应属性的值，从而使各个浏览器使用其默认值。大多数浏览器默认为【自动】，这意味着只有在浏览器窗口中没有足够空间来显示当前框架的完整内容时才显示滚动条。
● 【不能调整大小】：这使访问者无法通过拖动框架边框在浏览器中调整框架大小。

注意

　　用户始终可以在 Dreamweaver 中调整框架大小。该选项仅适用于在浏览器中查看框架的访问者。

● 【边框】：在浏览器中查看框架时显示或隐藏当前框架的边框。为框架选择【边框】选项将覆盖框架集的边框设置。

边框选项有【是】（显示边框）、【否】（隐藏边框）和【默认设置】。大多数浏览器默认为显示边框，除非父框架集已将【边框】设置为【否】。仅当共享边框的所有框架都将【边框】设置为【否】时，或者当父框架集的【边框】属性设置为【否】并且共享该边框的框架都将【边框】设置为【默认值】时，才会隐藏边框。

● 【边框颜色】：设置所有框架边框的颜色。此颜色应用于和框架接触的所有边框，并且可重写框架集的指定边框颜色。

4.4.2　设置框架的辅助功能值

（1）在【框架】面板中，可通过将插入点放在一个框架中来选择框架。

（2）选择【修改】→【编辑标签】命令，如图 4.15 所示。

（3）从左侧的【分类】列表中选择【样式表/辅助功能】选项，输入值，然后单击【确定】按钮，如图 4.16 所示。

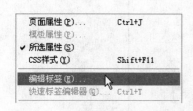

图 4.15　【修改】→【编辑标签】命令　　　　　图 4.16　【标签编辑器】对话框

4.4.3　编辑框架的辅助功能值

（1）如果当前处于【设计】视图中，请显示文档的【代码】视图或【代码】和【设计】视图。

（2）在【框架】面板中，通过将插入点放在一个框架中来选择框架。Dreamweaver 高亮显示代码中的框架标签。

（3）在代码中单击鼠标右键，然后选择【编辑标签】命令，如图 4.17 所示。

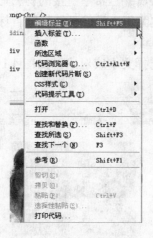

图 4.17　【编辑标签】命令

（4）在标签编辑器中进行更改，然后单击【确定】按钮。

4.4.4　更改框架中文档的背景颜色

（1）将插入点放置在框架中。

（2）选择【修改】→【页面属性】命令。

（3）在【页面属性】对话框中，单击【背景颜色】项，然后选择一种颜色，如图 4.18 所示。

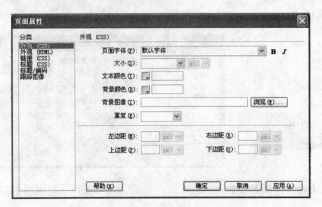

图 4.18　【页面属性】对话框

4.5　框架间的超级链接

若要在一个框架中使用链接打开另一个框架中的文档，必须设置链接目标。链接的 target 属性可指定要打开的链接内容的框架或窗口。

例如，若导航条位于左框架，并且希望链接的材料显示在右侧的主要内容框架中，则必须将主要内容框架的名称指定为每个导航条链接的目标。当访问者单击导航链接时，将在主框架中打开指定的内容。

（1）在【设计】视图中，选择文本或对象，如图 4.19 所示。

图 4.19　【设计】视图

（2）在【属性】检查器的【链接】框中，执行下列操作之一，如图 4.20 所示。

图 4.20 【属性】检查器

① 单击文件夹图标并选择要链接到的文件，如图 4.21 所示。

② 将【指向文件】图标拖动到【文件】面板并选择要链接到的文件。

（3）在【属性】检查器的【目标】下拉菜单中，选择要显示链接文档的框架或窗口，如图 4.22 所示。

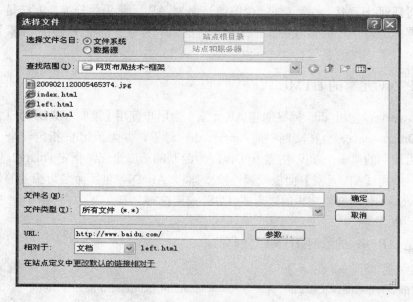

图 4.21 【选择文件】对话框

图 4.22 【目标】下拉菜单

- 【_blank】：在新的浏览器窗口中打开链接的文档，同时保持当前窗口不变。
- 【_parent】：在显示链接的框架的父框架集中打开链接的文档，同时替换整个框架集。
- 【_self】：在当前框架中打开链接，同时替换该框架中的内容。
- 【_top】：在当前浏览器窗口中打开链接的文档，同时替换所有框架。

框架名称也会出现在该菜单中。选择一个命名框架可以打开该框架中链接的文档。

4.6　使用 AP 元素

　　AP 元素（绝对定位元素）是分配有绝对位置的 HTML 页面元素，具体的说，就是 div 标签或其他任何标签。AP 元素可以包含文本、图像或其他任何可放置到 HTML 文档正文中的内容。

　　通过 Dreamweaver，用户可以使用 AP 元素来设计页面的布局。可以将 AP 元素放置到其他 AP 元素的前后，隐藏某些 AP 元素而显示其他 AP 元素，以及在屏幕上移动 AP 元素。还可以在一个 AP 元素中放置背景图像，然后在该 AP 元素的前面放置另一个带有透明背景的文本的 AP 元素。

　　AP 元素通常是绝对定位的 div 标签。它们是 Dreamweaver 默认插入的 AP 元素类型。可以将任何 HTML 元素（如一个图像）作为 AP 元素进行分类，方法是为其分配一个绝对位置。所有 AP 元素（不仅是绝对定位的 div 标签）都将在【AP 元素】面板中显示。

4.6.1　AP Div 元素的 HTML 代码

　　Dreamweaver 使用 div 标签创建 AP 元素。当用户使用【绘制 AP Div】工具绘制 AP 元素时，Dreamweaver 会在文档中插入一个 div 标签，并为该 div 指定一个 ID 值（默认情况下为绘制的第一个 div 指定 apDiv1，为绘制的第二个 div 指定 apDiv2，以此类推）。稍后，可以使用【AP 元素】面板或属性检查器将 AP Div 重新命名为想要的任何名称。Dreamweaver 还使用文档头中的嵌入式 CSS 来定位 AP Div，并向 AP Div 指定其确切尺寸。

　　以下是 AP Div 的示例 HTML 代码：

```
<head>
<meta http-equiv="Content-Type" content="text/html; charset=iso-8859-1" />
<title>Sample AP Div Page</title>
<style type="text/css">
<!--
    #apDiv1 {  position:absolute;
                left:62px;
                top:67px;
                width:421px;
                height:188px;
                z-index:1;  }
-->
</style>
</head>
<body>
    <div id="apDiv1">
    </div>
```

```
        </body>
        </html>
```

可以更改页面上的 AP Div（或任何 AP 元素）的属性，包括 x 坐标、y 坐标、z 轴（也称为堆叠顺序）和可见性。

4.6.2 插入 AP Div

Dreamweaver 可让用户在页面上轻松地创建和定位 AP Div，还可以创建嵌套的 AP Div。

当插入 AP Div 时，Dreamweaver 默认情况下将在【设计】视图中显示 AP Div 的外框，并且当将指针移到块上面时还会高亮显示该块。可以通过在【查看】→【可视化助理】菜单中禁用【AP 元素外框】和【CSS 布局外框】选项，来禁用显示 AP Div（或任何 AP 元素）外框的可视化助理。在设计时，还可以启用 AP 元素的背景和框模型作为可视化助理。

创建 AP Div 后，只需将插入点放置于该 AP Div 中，就可以像在页面中添加内容一样，将内容添加到 AP Div 中。

1. 连续绘制一个或多个 AP Div

（1）在【插入】面板的【布局】类别中，单击【绘制 AP Div】按钮，如图 4.23 所示。

图 4.23　【绘制 AP Div】按钮

（2）在【文档】窗口的【设计】视图中，执行下列操作之一。

① 拖动鼠标以绘制一个 AP Div。

② 可通过按住【Ctrl】键同时拖动鼠标（在 Windows 中）或按住【Command】键同时拖动鼠标（在 Macintosh 中）来连续绘制多个 AP Div。

只要不松开【Ctrl】或【Command】键，就可以继续绘制新的 AP Div。

2. 在文档中的特定位置插入 AP Div

将插入点放置在【文档】窗口中，然后选择【插入】→【布局对象】→【AP Div】命令，如图 4.24 所示。

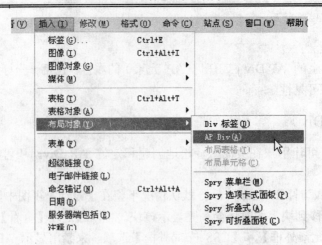

图 4.24　【插入】→【布局对象】命令

 注意

此过程会将 AP Div 标签放置到用户在【文档】窗口中单击的任何位置。因此 AP Div 的可视化呈现可能会影响其周围的其他页面元素（如文本）。

3．在 AP Div 中放置一个插入点

在 AP Div 边框内的任意位置单击，系统将高亮显示 AP Div 的边框并显示选择柄，但是 AP Div 自身未选定。

4．显示 AP Div 边框

选择【查看】→【可视化助理】命令，然后选择【AP Div 外框】或【CSS 布局背景】命令，如图 4.25 所示。

图 4.25　【CSS 布局背景】命令

5．隐藏 AP Div 边框

选择【查看】→【可视化助理】，如图 4.26 所示，然后取消选择【AP Div 外框】和【CSS 布局背景】命令。

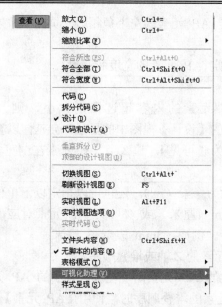

图 4.26 【查看】→【可视化助理】命令

4.6.3 查看或设置 AP 元素的属性

1. 查看或设置单个 AP 元素的属性

当选择一个 AP 元素时，属性检查器将显示 AP 元素的属性。

（1）选择一个 AP 元素。

（2）在【属性】检查器中，单击右下角的展开箭头查看所有属性（如果这些属性尚未展开），如图 4.27 所示。

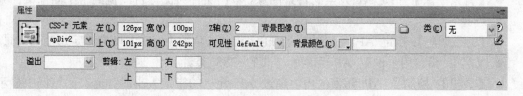

图 4.27 【属性】检查器

（3）设置以下任意选项。

● 【CSS-P 元素】：为选定的 AP 元素指定一个 ID。此 ID 用于在【AP 元素】面板
  和 JavaScript 代码中标识 AP 元素。

应只使用标准的字母数字字符，而不要使用空格、连字符、斜杠或句号等特殊字符。
每个 AP 元素都必须有各自的唯一 ID。

注意

　　CSS-P 属性检查器为相对定位的元素提供相同的选项。

- 【左】和【上】：指定 AP 元素的左上角相对于页面（如果嵌套，则为父 AP 元素）左上角的位置。
- 【宽】和【高】：指定 AP 元素的宽度和高度。

注意

　　如果 AP 元素的内容超过指定大小，则 AP 元素的底边（按照在 Dreamweaver 的【设计】视图中的显示）会延伸以容纳这些内容。如果【溢出】属性没有设置为【可见】，那么当 AP 元素在浏览器中出现时，底边将不会延伸。

位置和大小的默认单位为像素（px）。还也可以指定以下单位：pc（派卡）、pt（点）、in（英寸）、mm（毫米）、cm（厘米）或 %（父 AP 元素对应值的百分比）。缩写必须紧跟在值之后，中间不留空格。例如，3mm 表示 3 毫米。

- 【Z 轴】：确定 AP 元素的 Z 轴或堆叠顺序。

在浏览器中，编号较大的 AP 元素出现在编号较小的 AP 元素的前面。值可以为正，也可以为负。当更改 AP 元素的堆叠顺序时，使用【AP 元素】面板要比输入特定的 Z 轴值更为简便。

- 【可见性】：指定 AP 元素最初是否是可见的。可从以下选项中选择。
  - ➢ 【default】：不指定可见性属性。当未指定可见性时，大多数浏览器都会默认为【继承】。
  - ➢ 【继承】：将使用 AP 元素的父级的可见性属性。
  - ➢ 【可见】：将显示 AP 元素的内容，而与父级的值无关。
  - ➢ 【隐藏】：将隐藏 AP 元素的内容，而与父级的值无关。

使用脚本语言（如 JavaScript）可控制可见性属性，并动态地显示 AP 元素的内容。

- 【背景图像】：指定 AP 元素的背景图像。单击文件夹图标可浏览到一个图像文件并选择它。
- 【背景颜色】：指定 AP 元素的背景颜色。将此选项留为空白意味着指定透明的背景。
- 【类】：指定用于设置 AP 元素的样式的 CSS 类。
- 【溢出】：控制当 AP 元素的内容超过 AP 元素的指定大小时如何在浏览器中显示 AP 元素。它有以下几种选项。

【可见】指定在 AP 元素中显示额外的内容。实际上，AP 元素会通过延伸来容纳额外的内容。【隐藏】指定不在浏览器中显示额外的内容。【滚动】指定浏览器应在 AP 元素上添加滚动条，而不管是否需要滚动条。【自动】使浏览器仅在需要时（即当 AP 元素的内容超过其边界时）才显示 AP 元素的滚动条。

注意

　　【溢出】选项在不同的浏览器中会获得不同程度的支持。

- 【剪辑】：定义 AP 元素的可见区域。

指定【左】、【上】、【右】和【下】坐标以在 AP 元素的坐标空间中定义一个矩形（从

AP 元素的左上角开始计算）。AP 元素经过裁剪后，将只有指定的矩形区域才是可见的。例如，若要使 AP 元素左上角的一个 50 像素宽、75 像素高的矩形区域可见而其他区域不可见，请将【左】设置为 0，将【上】设置为 0，将【右】设置为 50，将【下】设置为 75。

> **注意**
>
> 虽然 CSS 为【剪辑】指定了不同的语义，但 Dreamweaver 解释【剪辑】的方式与大多数浏览器相同。

（4）如果在文本框中输入了值，则可以按【Tab】或【Enter】键（在 Windows 中）或按【Return】键（在 Macintosh 中）来应用该值。

2. 查看或设置多个 AP 元素的属性

当您选择两个或更多个 AP 元素时，属性检查器会显示文本属性，以及全部 AP 元素属性的一个子集，从而允许用户同时修改多个 AP 元素。

要选择多个 AP 元素，可在选择 AP 元素时按住【Shift】键。

（1）选择多个 AP 元素。

（2）在【属性】检查器中，单击右下角的展开箭头查看所有属性（如果这些属性尚未展开），如图 4.28 所示。

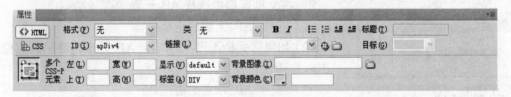

图 4.28　【属性】检查器

（3）设置多个 AP 元素的以下任意属性。

● 【左】和【上】：指定 AP 元素的左上角相对于页面（如果嵌套，则为父 AP 元素）左上角的位置。

● 【宽】和【高】：指定 AP 元素的宽度和高度。

> **注意**
>
> 如果任何 AP 元素的内容超过了指定的大小，则该 AP 元素的底边（按照在 Dreamweaver 的【设计】视图中的显示）会延伸以容纳这些内容。如果【溢出】属性没有设置为【可见】，那么当 AP 元素在浏览器中出现时，底边将不会延伸。位置和大小的默认单位为像素（px）。用户也可以指定以下单位：pc（派卡）、pt（点）、in（英寸）、mm（毫米）、cm（厘米）或 %（父 AP 元素对应值的百分比）。缩写必须紧跟在值之后，中间不留空格。例如，3mm 表示 3 毫米。

● 【显示】：指定这些 AP 元素最初是否是可见的。可从以下选项中选择。

➢ 【default】：不指定可见性属性。当未指定可见性属性时，大多数浏览器都会默认为【继承】。

➢ 【继承】：将使用 AP 元素的父级可见性属性。

> ➢ 【可见】：将显示 AP 元素的内容，而与父级的值无关。
> ➢ 【隐藏】：将隐藏 AP 元素的内容，而与父级的值无关。

使用脚本语言（如 JavaScript）可控制可见性属性并动态地显示 AP 元素的内容。

● 【标签】：指定用于定义 AP 元素的 HTML 标签。

● 【背景图像】：指定 AP 元素的背景图像。单击文件夹图标可浏览到一个图像文件并选择它。

● 【背景颜色】：指定 AP 元素的背景颜色。将此选项留为空白意味着指定透明的背景。

（4）如果在文本框中输入了值，则可以按【Tab】或【Enter】键（在 Windows 中）或按【Return】键（在 Macintosh 中）来应用该值。

4.6.4　选择 AP 元素

可以选择一个或多个 AP 元素进行操作或更改它们的属性。

1．在【AP 元素】面板中选择 AP 元素

在【AP 元素】面板中，单击该 AP 元素的名称即可，如图 4.29 所示。

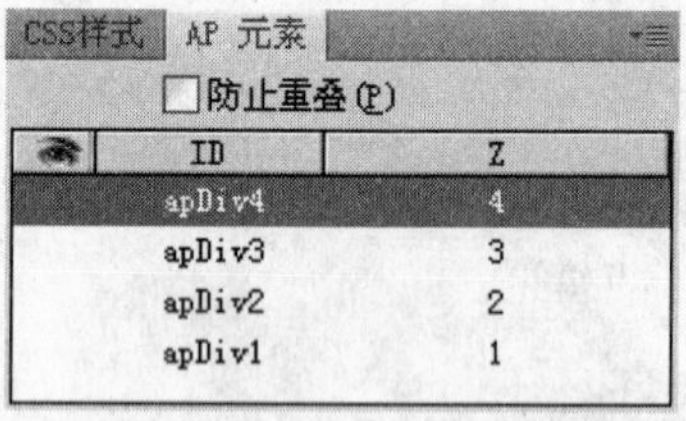

CSS样式	AP 元素	
□防止重叠(P)		
👁	ID	Z
	apDiv4	4
	apDiv3	3
	apDiv2	2
	apDiv1	1

图 4.29　【AP 元素】面板

2．在文档窗口中选择 AP 元素

（1）单击 AP 元素的选择柄。

（2）如果选择柄不可见，请在 AP 元素内部的任意位置单击以显示该选择柄。

（3）单击 AP 元素的边框。

（4）按住【Ctrl+Shift】组合键（在 Windows 中）或【Command+Shift】组合键（在 Macintosh 中）在 AP 元素内部单击。

（5）在 AP 元素内部单击，并按【Ctrl+A】组合键（在 Windows 中）或【Command+A】组合键（在 Macintosh 中）以选择 AP 元素的内容。再次按【Ctrl+A】组合键或【Command+A】组合键以选择 AP 元素。

（6）在 AP 元素内部单击并在标签选择器中选择其标签。

3．选择多个 AP 元素

（1）在【AP 元素】面板中，按住【Shift】键单击两个或更多个 AP 元素名称。

（2）在【文档】窗口中，按住【Shift】键并在两个或更多个 AP 元素的边框内（或边框上）单击。

4.6.5　更改 AP 元素的堆叠顺序

使用【属性】检查器或【AP 元素】面板可更改 AP 元素的堆叠顺序。【AP 元素】面板列表顶部的 AP 元素位于堆叠顺序的顶部，并出现在其他 AP 元素之前。

在 HTML 代码中，AP 元素的堆叠顺序或 Z 轴决定了 AP 元素在浏览器中的绘制顺序。AP 元素的 Z 轴值越高，该 AP 元素在堆叠顺序中的位置就越高。可以使用【AP 元素】

面板或【属性】检查器来更改每个 AP 元素的 Z 轴值。

1. 使用【AP 元素】面板更改 AP 元素的堆叠顺序

（1）选择【窗口】→【AP 元素】命令，打开【AP 元素】面板，如图 4.30 所示。

（2）将 AP 元素向上或向下拖至所需的堆叠顺序。

当用户移动 AP 元素时会出现一条线，它指示 AP 元素将出现的位置。当放置线出现在堆叠顺序中的所需位置时，松开鼠标按钮即可。

2. 使用【属性】检查器更改 AP 元素的堆叠顺序

（1）选择【窗口】→【AP 元素】命令，打开【AP 元素】面板以查看当前的堆叠顺序。

（2）在【AP 元素】面板或【文档】窗口中选择 AP 元素。

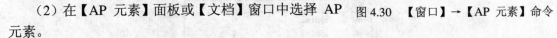

图 4.30 【窗口】→【AP 元素】命令

（3）在【属性】检查器中的【Z 轴】文本框中输入一个数字，如图 4.31 所示。

输入一个较大的数字可将 AP 元素在堆叠顺序中上移。

图 4.31 【属性】检查器

4.6.6 显示和隐藏 AP 元素

当处理文档时，可以使用【AP 元素】面板手动显示和隐藏 AP 元素，以查看页面在不同条件下的显示方式。

> **注意**
>
> 当前选定的 AP 元素会始终为可见，并且在选定时它将出现在其他 AP 元素的前面。

1. 更改 AP 元素的可见性

（1）选择【窗口】→【AP 元素】命令，打开【AP 元素】面板，如图 4.32 所示。

（2）在 AP 元素的眼形图标列内单击可以更改其可见性。

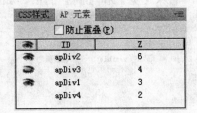

图 4.32 【AP 元素】面板

- 眼睛睁开表示 AP 元素是可见的。
- 眼睛闭合表示 AP 元素是不可见的。
- 如果没有眼形图标，AP 元素通常会继承其父级的可见性。如果 AP 元素没有嵌套，父级就是文档正文，而文档正文始终是可见的。另外，如果未指定可见性，则不会显示眼形图标（这在【属性】检查器中表示为【default】可见性）。

2．同时更改所有 AP 元素的可见性

在【AP 元素】面板中，单击列顶部的标题眼形图标即可更改所有 AP 元素的可见性，如图 4.33 所示。

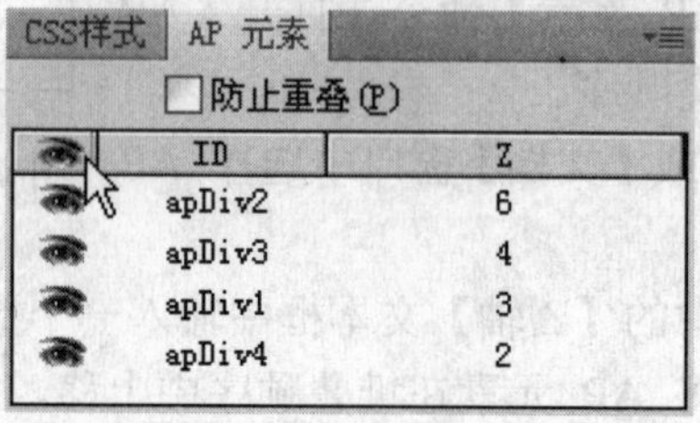

图 4.33　单击眼形图标

4.6.7　调整 AP 元素大小

用户可以调整单个 AP 元素的大小，也可以同时调整多个 AP 元素的大小以使其具有相同的宽度和高度。

如果已启用【防止重叠】选项，那么在调整 AP 元素的大小时将无法使该 AP 元素与另一个 AP 元素重叠。

1．调整 AP 元素的大小

（1）在【设计】视图中，选择一个 AP 元素。

（2）执行以下操作之一以调整 AP 元素的大小。

① 若要通过拖动来调整大小，请拖动 AP 元素的任意调整大小手柄即可。

② 若要一次调整一个像素的大小，请在按箭头键时按住【Ctrl】键（在 Windows 中）或【Option】键（在 Macintosh 中）。

③ 箭头键可移动 AP 元素的右边框和下边框，但不能调整上边框和左边框。

④ 若要按网格靠齐增量来调整大小，请在按箭头键时按住【Ctrl+ Shift】组合键（在 Windows 中）或【Option+Shift】组合键（在 Macintosh 中）。

⑤ 在【属性】检查器中，输入【宽】和【高】的值，如图 4.34 所示。

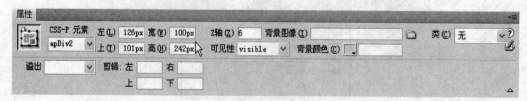

图 4.34　输入【宽】和【高】的值

注意

　　调整 AP 元素的大小会更改 AP 元素的宽度和高度。它并不定义 AP 元素有多少内容是可见的。可以在首选参数中定义 AP 元素内的可见区域。

2．同时调整多个 AP 元素的大小

（1）在【设计】视图中，选择两个或更多个 AP 元素。

（2）执行下列操作之一。

① 选择【修改】→【排列顺序】→【设成宽度相同】命令或【修改】→【排列顺序】→【设成高度相同】命令，如图 4.35 所示。

图 4.35　【修改】→【排列顺序】命令

注意

　　最先选定的 AP 元素将与最后选定的一个 AP 元素的宽度或高度一致。

② 在属性检查器（【窗口】→【属性】）中的【多个 CSS-P 元素】中输入【宽】和【高】的值，如图 4.36 所示。

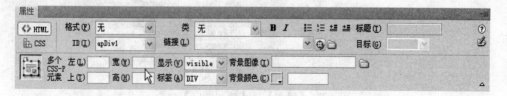

图 4.36　输入【宽】和【高】的值

这些值将应用于所有选定的 AP 元素。

4.6.8　移动 AP 元素

用户可以按照在最基本的图形应用程序中移动对象的方法，在【设计】视图中移动 AP 元素。

如果已启用【防止重叠】选项，那么在移动 AP 元素时将无法使该 AP 元素与另一个 AP 元素重叠。

（1）在【设计】视图中，选择一个或多个 AP 元素。

（2）若要通过拖动来移动，请拖动最后一个选定的 AP 元素（以黑色高亮显示）的选择控点。

（3）若要一次移动一个像素，可使用箭头键。

技巧

　　按箭头键时按住【Shift】键可按当前网格靠齐增量来移动 AP 元素。

4.6.9　对齐 AP 元素

使用 AP 元素对齐命令可将一个或多个 AP 元素与最后一个选定的 AP 元素的边框对齐。

对齐 AP 元素时，未选定的子 AP 元素可能会因为其父 AP 元素已被选定并被移动而发生移动。若要避免这种情况，请不要使用嵌套的 AP 元素。

（1）在【设计】视图中，选择此 AP 元素。

（2）选择【修改】→【排列顺序】命令，然后选择一个对齐选项，如图 4.37 所示。

图 4.37　【修改】→【排列顺序】命令

例如，如果选择【顶对齐】命令，所有 AP 元素都会移动以使其上边框与最后一个选定的 AP 元素（黑色高亮显示）的上边框处于同一垂直位置。

4.6.10　防止 AP 元素重叠

由于表格单元格不能重叠，因此 Dreamweaver 无法基于重叠的 AP 元素创建表格。如果要将文档中的 AP 元素转换为表格，请使用【防止重叠】选项来约束 AP 元素的移动和定位，使 AP 元素不会重叠。

当启用此选项时，不能在现有 AP 元素上方创建一个 AP 元素，不能将 AP 元素移动到或通过调整大小扩展到现有 AP 元素的上方，也不能在现有 AP 元素内嵌套一个 AP 元素。如果在创建重叠的 AP 元素之后启用此选项，则应拖动每个重叠的 AP 元素以使其远离其他 AP 元素。如果启用【防止 AP 元素重叠】选项，Dreamweaver 不会自动固定页面中现有的重叠 AP 元素。

在启用此选项和靠齐选项后，如果靠齐会使两个 AP 元素重叠，则 AP 元素将不会靠齐到网格。该元素将改为靠齐到最接近的 AP 元素的边缘。

<table>
<tr><td></td><td>

注意

即使在启用【防止重叠】选项后，仍可以执行某些操作来重叠 AP 元素。如果使用【插入】菜单插入一个 AP 元素，在属性检查器中输入数字或者通过编辑 HTML 源代码来重定位 AP 元素，则可以在已启用此选项的情况下使 AP 元素重叠或嵌套。如果出现重叠，请在【设计】视图中拖动各重叠 AP 元素以使其分离。

</td></tr>
</table>

可在【AP 元素】面板中，选择【防止重叠】选项，如图 4.38 所示。

也可在【文档】窗口中，选择【修改】→【排列顺序】→【防止 AP 元素重叠】命令，如图 4.39 所示。

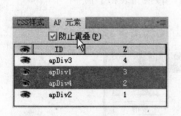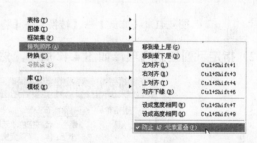

图 4.38　【防止重叠】选项　　图 4.39　【修改】→【排列顺序】→【防止 AP 元素重叠】命令

4.6.11　转换表格和 AP 元素

可以使用 AP 元素创建布局，然后将 AP 元素转换为表格，以使用户的布局可以在早期的浏览器中进行查看。

在转换为表格之前，请确保 AP 元素没有重叠，还要确保位于标准模式中可选择【视图】→【表格模式】中的【标准模式】命令，使当前视图处于标准模式，如图 4.40 所示。

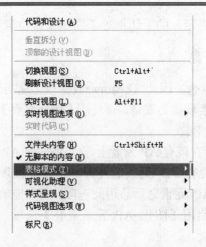

图 4.40　【视图】→【表格模式】命令

1. 将 AP 元素转换为表格

（1）选择【修改】→【转换】→【将 AP Div 转换为表格】命令，如图 4.41 所示。

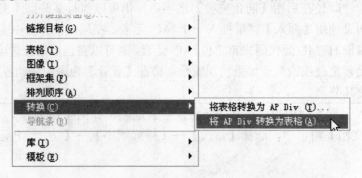

图 4.41　【修改】→【转换】→【将 AP Div 转换为表格】命令

（2）指定下列任意选项，如图 4.42 所示，然后单击【确定】按钮。

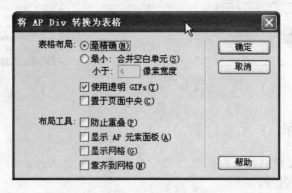

图 4.42　【将 AP Div 转换为表格】对话框

● 【最精确】：为每个 AP 元素创建一个单元格，以及保留 AP 元素之间的空间所必需的任何附加单元格。

- 【最小：合并空白单元】：指定若 AP 元素位于指定的像素数内则应对齐 AP 元素的边缘。

如果选择此选项，结果表将包含较少的空行和空列，但可能会与用户的布局不精确匹配。

- 【使用透明 GIFs】：使用透明的 GIFs 填充表格的最后一行。这将确保该表在所有浏览器中以相同的列宽显示。

当启用此选项后，不能通过拖动表列来编辑结果表。当禁用此选项后，结果表将不包含透明 GIFs，但在不同的浏览器中可能会具有不同的列宽。

- 【置于页面中央】：将结果表放置在页面的中央。如果禁用此选项，表将从页面的左边缘开始。

2. 将表格转换为 AP Div

（1）选择【修改】→【转换】→【将表格转换为 AP Div】命令，如图 4.43 所示。

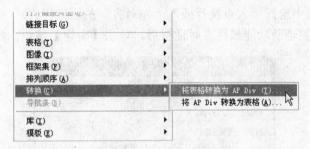

图 4.43　【修改】→【转换】→【将表格转换为 AP Div】命令

（2）指定下列任意选项，然后单击【确定】按钮，如图 4.44 所示

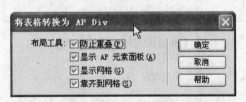

图 4.44　【将表格转换为 AP Div】对话框

- 【防止重叠】：在创建、移动和调整 AP 元素大小时约束 AP 元素的位置，使 AP 元素不会重叠。
- 【显示 AP 元素面板】：显示【AP 元素】面板。
- 【显示网格】和【靠齐到网格】：可让用户使用网格来帮助定位 AP 元素。

表格将转换为 AP Div。空白单元格将不会转换为 AP 元素，除非它们具有背景颜色。

注意
　　位于表格外的页面元素也会放入 AP Div 中。

4.7　综合训练

练习文件
　　第 4 章\实例\index.html

本练习将使用框架布局技术设计网页。

4.7.1　创建框架页

（1）执行下列操作之一。
① 创建预定义的框架集并选择"左侧固定"的框架页。
② 在空白页面中选择插入点执行插入"左对齐"的框架样式。
弹出"框架标签辅助功能属性"对话框后，单击【确定】按钮，如图 4.45 所示。

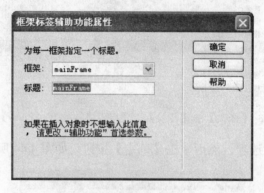

图 4.45　【框架标签辅助功能属性】对话框

创建左侧固定的框架页，如图 4.46 所示。

图 4.46　【框架】视图

（2）在框架视图中选中整个框架集页面，在【属性】栏中设置框架集的边框，如图 4.47 所示。

图 4.47　【属性】栏

- 在【边框】下拉菜单中，选择【是】选项。
- 在【边框颜色】选项中，选择颜色。
- 在【边框宽度】文本框中，输入 2。

（3）保存框架集和框架。

在框架视图中选中框架页，执行以下操作之一，保存框架页。

① 【文件】→【保存框架页】命令。

② 按【Ctrl+S】组合键。

- 将框架集页面保存为 index.html。
- 将左侧框架页保存为 left.html。
- 将右侧框架页保存为 main.html。

4.7.2　修改框架页

完成框架间的链接。

（1）在设计视图中，在框架页 main.html 中选中链接，如图 4.48 所示。

框架展示

点此链接可在此框架内显示百度首页

图 4.48　选中链接

（2）在【属性】栏中按图 4.49 所示进行设置。

图 4.49　【属性】栏

● 在【链接】选项中使用链接【http://www.baidu.com/】。
● 在【目标】选项中选择【mainFram】。

技巧

同理，在 left.html 框架中也可使用此功能来将文档链接的目标指向 mainFram，这样就可以轻松地使用框架技术来创建带目录索引或导航条的页面，并使其始终显示于页面的目的区域中。

（3）保存全部文档，按【F12】键预览，即可看到单击此链接后的效果，如图 4.50 所示。

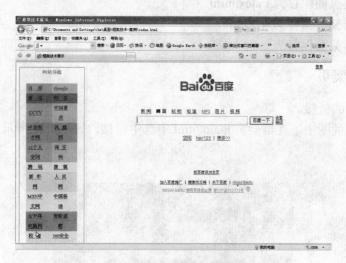

图 4.50　单击链接后的效果

本 章 小 结

框架可以将不同的文档显示在同一个浏览器窗口中，可以实现文档之间的相互控制，如实现文档导航、文档浏览，以及文档操作等目的。可通过使用 ap 元素来绝对定位相关网页元素。

课 后 习 题

一、选择题

1. 在 Dreamweaver 中不可以通过（　　）进行网页结构布局排版。

A．表格　　　　　B．图层　　　　　C．框架　　　　　D．表单

2. 在网页制作中创建的每个框架应如何保存？（　　）

A．保存框架集文件

B．分别保存每个框架文件

C．A 和 B 两项中的文件同时保存

D．A 和 B 两项中的文件都不用保存

二、填空题

1. 如果需要在某框架区域内显示指定的网页文件，则要设置该框架的_____属性。

2. 网页制作中框架一般都被用来分割页面的_____区域和_____区域。

3. 框架是由_____和_____两个主要部分组成的。

第 5 章　使用 CSS 样式

教学提示：CSS 样式（Cascading Style Sheet，层叠样式表），可以有效地对页面的布局、字体、颜色、背景和其他效果实现更加精确的控制。在网页中，常常需要进行颜色、字体大小或线框粗细之类的设置，而 CSS 在开始制作网页时就将这些设置设好，不需要在制作网页中再反复写入同样的标签。

教学内容：本章将介绍如何创建、应用和管理 CSS 样式，以及使用 CSS 样式对页面布局的方法。

5.1　认识 CSS 样式

5.1.1　CSS 样式面板和常用类型

CSS 常用的类型有外部样式表和内部样式表两种，要创建样式表，可以在 CSS 样式面板中创建。

1．CSS 样式面板

选择【窗口】→【CSS 样式】（快捷键为【Shift+F11】）命令，打开【CSS 样式】面板，如图 5.1 所示。

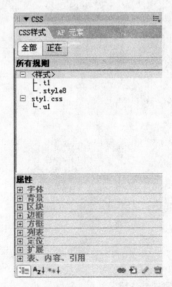

图 5.1　【CSS 样式】面板

2．CSS 常用类型

单击【CSS 样式】面板中的 按钮，弹出【新建 CSS 规则】对话框，如图 5.2 所示。

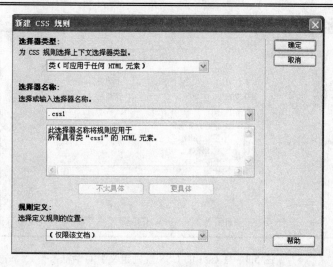

图 5.2 【新建 CSS 规则】对话框

注意

CSS 规则由两部分组成，即选择器和声明。选择器是标识已设置格式元素的术语（如 p、h1、类名称或 ID），而声明则用于定义样式属性。

在 Dreamweaver CS4 中可以定义 4 种样式类型，即类（可应用于任何 HTML 元素）、ID（仅应用于一个 HTML 元素）、标签（重新定义 HTML 元素）和复合内容（基于选择的内容）。

CSS 规则有以下选项。

- 【外部 CSS 样式表】：存储在一个单独的外部 CSS（后缀名为.css）文件中，可以链接到网站中的一个或多个页面。
- 【内部 CSS 样式表】：包括在 HTML 文档头部的 style 标签中的 CSS 规则。

5.1.2 创建 CSS 样式

1. 类（可应用于任何 HTML 元素）

用来设置一个自定义样式。

（1）选择【窗口】→【CSS 样式】（快捷键为【Shift+F11】）命令，打开【CSS 样式】面板。

（2）单击【CSS 样式】面板中的 按钮，弹出【新建 CSS 规则】对话框。

（3）选择【类（可应用于任何 HTML 元素）】，并在【选择器名称】后的下拉列表框中输入这个样式的名称。注意，类名称必须以英文句点开头，并且可以包含任何字母和数字组合，如 “.css1 “。如果没有输入开头的句点，Dreamweaver 将自动输入。

（4）在【规则定义】中选择【仅限该文档】。然后单击【确定】按钮完成设置，系统将弹出【.css1 的 CSS 规则定义】对话框，如图 5.3 所示。

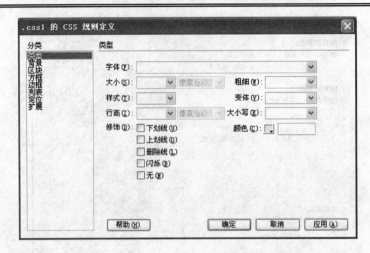

图 5.3　【.css1 的 CSS 规则定义】对话框

2．ID（仅应用于一个 HTML 元素）

为所有包含特定 ID 属性的 HTML 元素定义格式。

 技巧

假如我们只需要定义某一个元素，如在一个 HTML 页面中有许多<p>元素，只想定义其中一个<p>元素时，就可以使用 ID。

（1）选择【窗口】→【CSS 样式】（快捷键为【Shift+F11】）命令，打开【CSS 样式】面板。

（2）单击【CSS 样式】面板中的 按钮，弹出【新建 CSS 规则】对话框。

（3）选择【ID（仅应用于一个 HTML 元素）】，并在【选择器名称】后的下拉列表框中输入这个样式的名称。注意，ID 名称必须以 "#" 开头，并且可以包含任何字母和数字组合，如 "#warning"，如图 5.4 所示。

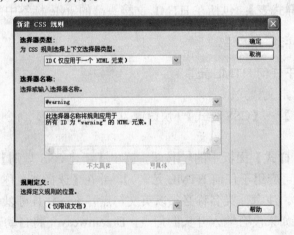

图 5.4　新建 ID 选择器

（4）在【规则定义】中选择【仅限该文档】，然后单击【确定】按钮完成设置，系统将弹出【#warning 的 CSS 规则定义】对话框，如图 5.5 所示。

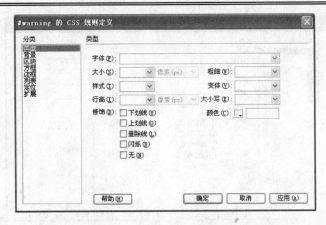

图 5.5　【#warning 的 CSS 规则定义】对话框

3. 标签（重新定义 HTML 元素）

用来重新定义某种类型页面元素的格式。制作后，不需要选中表格对象，就可以直接应用到页面中去。

（1）选择【窗口】→【CSS 样式】（快捷键为【Shift+F11】）命令，打开【CSS 样式】面板。

（2）单击【CSS 样式】面板中的【新建 CSS 规则】按钮，弹出【新建 CSS 规则】对话框。

（3）选择【标签（重新定义 HTML 元素）】，并在【选择器名称】后的下拉列表框里选择或输入一个 HTML 标签，如输入"table"（表格标签），如图 5.6 所示。

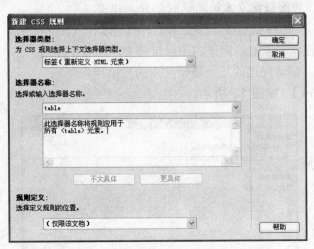

图 5.6　新建 table 标签样式

（4）在【规则定义】中选择【仅限该文档】，然后单击【确定】按钮完成设置，系统将弹出【table 的 CSS 规则定义】对话框，如图 5.7 所示。

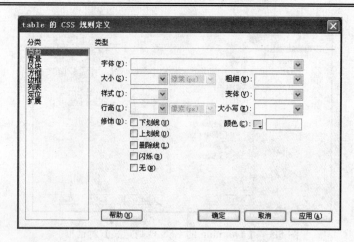

图 5.7　【table 的 CSS 规则定义】对话框

4．复合内容（基于选择的内容）

它用来定义同时影响两个或多个标签、类或 ID 的复合规则。例如，如果输入 Div p，则 Div 标签内的所有 p 元素都将受此规则的影响。

（1）选择【窗口】→【CSS 样式】（快捷键为【Shift+F11】）命令，打开【CSS 样式】面板。

（2）单击【CSS 样式】面板中的 按钮，弹出【新建 CSS 规则】对话框。

（3）选择【复合内容（基于选择的内容）】，并在【选择器名称】后的下拉列表框里选择或输入一个 HTML 标签。提供的标签包括 a:active、a:hover、a:link 和 a:visited。

● 【a:active】：超级链接文本被激活时的显示样式。
● 【a:hover】：光标移到超级连接文本上时的显示样式。
● 【a:link】：正常的未被访问过的超级链接文本的显示样式。
● 【a:visited】：被访问过的超级链接文本的显示样式。

这里选择【a:link】，如图 5.8 所示。

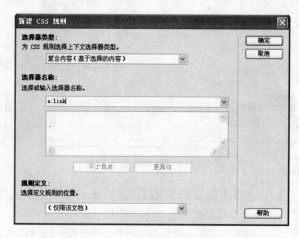

图 5.8　新建【a:link】复合样式

（4）在【规则定义】中选择【仅限该文档】，然后单击【确定】按钮完成设置，系统将弹出【a:link 的 CSS 规则定义】对话框，如图 5.9 所示。

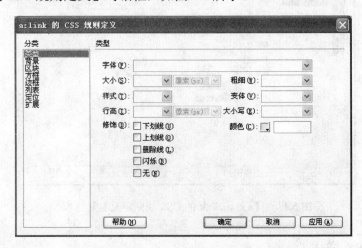

图 5.9 【a:link 的 CSS 规则定义】对话框

技巧

上面是对整个文档链接样式的设置，如果希望创建自定义的链接样式，可以把伪类名追加到选择器名称的后面，就可以在文档中混合使用伪类与常规类了。具体设置如下。

（1）选择【复合内容（基于选择的内容）】，在【选择器名称】后的下拉列表框里选择【a:link】，然后将其修改为 a.class:link，其中 class 为自定义的链接样式，如图 5.10 所示。

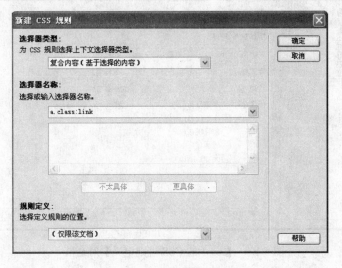

图 5.10 自定义链接样式

（2）在【规则定义】中选择【仅限该文档】，然后单击【确定】按钮完成设置，系统将弹出【a.class:link 的 CSS 规则定义】对话框，如图 5.11 所示。

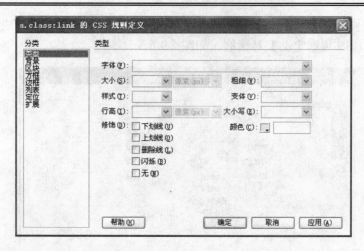

图 5.11　【a.class:link 的 CSS 规则定义】对话框

5.1.3　应用 CSS 样式

练习文件
第 5 章\5-1\5-1-1.html

（1）如图 5.12 所示设置相应参数的属性。设置完成后单击【确定】按钮，CSS 样式即创建完成。

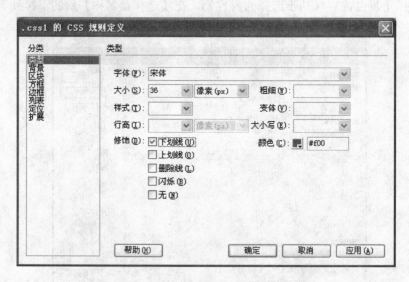

图 5.12　【.css1 的 CSS 规则定义】对话框

（2）在【CSS 样式】面板中，列出了所有样式标签中定义的所有样式的样式表，如图 5.13 所示。

（3）如果要设置段落格式，可以将插入点放置于段落之中；如果要设置多个段落格式，则需要选中这些段落；如果要设置字符格式，则需要选中这些字符。

（4）在【CSS 样式】面板中，选择某种样式。

（5）单击鼠标右键，选择【套用】命令，如图 5.14 所示。

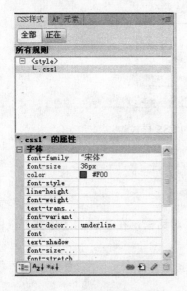
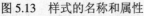

图 5.13　样式的名称和属性　　　　　　　　图 5.14　选择【套用】命令

（6）或者直接在【属性】面板的【类】下拉列表框中选择样式，如图 5.15 所示。

图 5.15　【属性】面板

（7）所选择的样式被应用到选中的段落或字符中了，如图 5.16 所示。

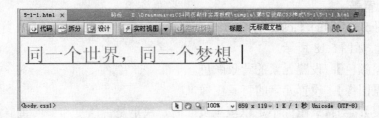

图 5.16　应用 css1 样式

技巧

　　Dreamweaver CS4 新增功能：按住【Alt】键并单击当前元素，会显示该元素的 CSS 样式，如图 5.17 所示。

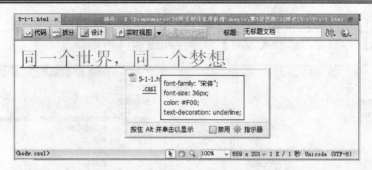

图 5.17　显示当前元素的 CSS 样式

5.1.4　丰富的 CSS 样式

1. CSS 类型

打开如图 5.3 所示的【.css1 的 CSS 规则定义】对话框，在左边的【分类】选框里选择【类型】，【类型】模式有以下具体选项。

- 【字体】：指定文本的字体。设置时最好选择常用字体，否则有些浏览器将无法正常显示。
- 【大小】：设置文字尺寸。常用尺寸单位为像素，数值可以在下拉列表中选择，也可以直接输入，直接输入的数值大小没有限制。
- 【样式】：设置字体的风格。选项包括正常、斜体及倾斜体。
- 【行高】：设置文本所在处的行高，也可以直接输入一个精确值并选择其计算单位。
- 【修饰】：设置文本的显示状态。选项包括下画线、上画线、删除线、闪烁和无。对于链接文本的默认设置是下画线。
- 【粗细】：设置字体的粗细效果。选项包括正常、粗体、特粗、细体和 9 种像素选择。
- 【变体】：设置字母类文本。选项包括正常和小型大写字母。
- 【大小写】：设置字母的大小写。选项包括首字母大写、大写、小写和无。
- 【颜色】：设置文本颜色。

2. CSS 背景

打开如图 5.3 所示的【.css1 的 CSS 规则定义】对话框，在左边的【分类】选框里选择【背景】选项，如图 5.18 所示。

- 【背景颜色】：设置元素的背景颜色。
- 【背景图像】：设置元素的背景图像。
- 【重复】：当背景图像不足以填满页面时，决定是否重复和如何重复背景图像，共有 4 个选项。
  - ➢ 【重复】：在纵向和横向平铺图像。
  - ➢ 【不重复】：在文本的起始位置显示一次图像。
  - ➢ 【横向重复】：横向进行图像平铺。
  - ➢ 【纵向重复】：纵向进行图像平铺。

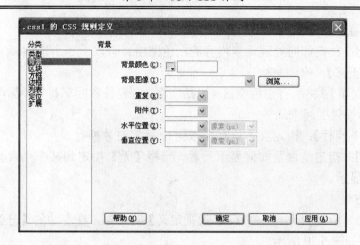

图 5.18　选择【背景】选项

- 【附件】：决定背景图像是在起始位置固定不动，还是与内容一起滚动。
  - ➤ 【固定】：文字滚动时，背景图像保持不动。
  - ➤ 【滚动】：背景图像随文字的滚动而滚动。
- 【水平位置】：指定背景图像相对于文档窗口的水平位置。有左对齐、右对齐和居中对齐，也可以直接输入值，并选择其计算单位。
- 【垂直位置】：指定背景图像相对于文档窗口的垂直位置。有顶部、居中和底部，也可以直接输入值，并选择其计算单位。

3．CSS 区块

打开如图 5.3 所示的【.css1 的 CSS 规则定义】对话框，在左边的【分类】选框里选择【区块】选项，如图 5.19 所示。

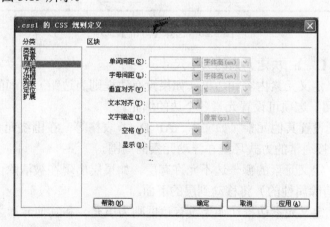

图 5.19　选择【区块】选项

- 【单词间距】：在文字之间添加空格。
- 【字母间距】：设置文字之间或字母之间的间距。
- 【垂直对齐】：控制文字或图像相对于其字母元素的垂直位置。
- 【文本对齐】：设置元素中的文本对齐方式。

- 【文字缩进】：决定首行缩进的距离。
- 【空格】：决定如何处理元素内容的白色空格。有以下 3 个选项。
  - ➢ 【正常】：收缩空格。
  - ➢ 【保留】：将所有白色空格（包括空格、制表符和回车符等）都作为文本用 PRE 标签包围起来。
  - ➢ 【不换行】：指定文本只有在碰到 br 标签时才换行。
- 【显示】：指定是否及如何显示元素。当将【无】指定到某个元素时，它将禁用该元素的显示。

4．CSS 方框

打开如图 5.3 所示的【.css1 的 CSS 规则定义】对话框，在左边的【分类】选框里选择【方框】选项，如图 5.20 所示。

图 5.20　选择【方框】选项

- 【宽】和【高】：决定元素的大小尺寸。
- 【填充】：定义元素内容和边框（如果没有边框则为边距）之间的距离。取消选择【全部相同】选项可设置元素各个边的填充。
- 【浮动】：设置其他元素（如文本、AP Div、表格等）在围绕元素的哪个边浮动。其他元素按通常的方式环绕在浮动元素的周围。
- 【清除】：定义元素的哪一边不允许有层。如果层出现在被清除的那一边，则元素（设置了清除属性的）将移动到层的下面。
- 【边界】：定义元素边框（如果没有边框则为填充）和其他元素之间的空间大小。

5．CSS 边框

打开如图 5.3 所示的【.css1 的 CSS 规则定义】对话框，在左边的【分类】选框里选择【边框】选项，如图 5.21 所示。

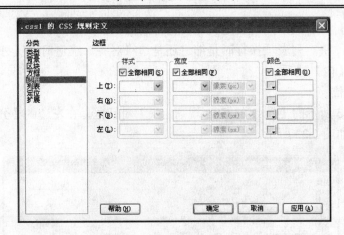

图 5.21 选择【边框】选项

- 【样式】：决定边框样式，但其显示方式取决于浏览器。取消选择【全部相同】选项可设置元素各个边的边框样式。
- 【宽度】：设置元素边框的粗细，其下拉列表分别列出下列各值。
  - ➤ 【细】：细边框。
  - ➤ 【中】：中等粗细边框。
  - ➤ 【粗】：粗边框。
  - ➤ 【值】：设置具体的边框粗细值。
- 【颜色】：设置边框的颜色。可以分别设置每条边的颜色，但显示方式取决于浏览器。取消选择【全部相同】选项可设置元素各个边的边框颜色。

6．CSS 列表

打开如图 5.3 所示的【.css1 的 CSS 规则定义】对话框，在左边的【分类】选框里选择【列表】选项，如图 5.22 所示。

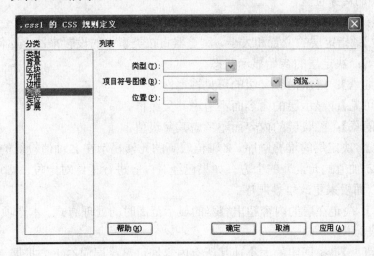

图 5.22 选择【列表】选项

- 【类型】：决定项目符号或编号的外观。

- 【项目符号图像】: 允许自定义项目符号的图像。
- 【位置】: 决定列表项换行时是缩进还是边缘对齐。缩进时选【外】选项, 边缘对齐时选【内】选项。

7. CSS 定位

打开如图 5.3 所示的【.css1 的 CSS 规则定义】对话框, 在左边的【分类】选框里选择【定位】选项, 如图 5.23 所示。

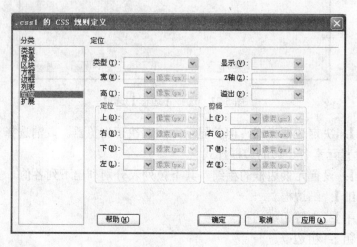

图 5.23　选择【定位】选项

- 【类型】: 决定浏览器定位层的方式。
  - ➢ 【绝对】: 使用在定位框中输入的相对于页面左上角的坐标放置层。
  - ➢ 【固定】: 使用在定位框中输入的相对于浏览器左上角的坐标放置层。
  - ➢ 【相对】: 同样使用在定位框中输入的坐标放置层, 但是该坐标相对的是在文档中的对象位置。
  - ➢ 【静态】: 将层定位在文本自身的位置。
- 【定位】: 指定层的位置和大小。浏览器将按类型中的设置来决定如何解释该位置。
- 【显示】: 决定层的初始显示状态。
  - ➢ 【继承】: 继承内容父级的可见性属性。
  - ➢ 【可见】: 显示层的内容而不考虑其父级值。
  - ➢ 【隐藏】: 隐藏层的内容而不考虑其父级值。
- 【Z 轴】: 决定层的堆叠顺序。Z 轴值较高的元素显示在 Z 轴值较低的元素 (或根本没有 Z 轴值的元素) 的上方。如果已经对内容进行了绝对定位, 则可以使用 "AP 元素" 面板来更改堆叠顺序。
- 【溢出】: 决定在层的内容超出容器的显示范围时的处理方式。本选项仅适用于 CSS 样式表。
  - ➢ 【可见】: 扩展层的大小使其所有内容均可见, 层向右下方扩展。
  - ➢ 【隐藏】: 保持层的大小, 剪切其超出部分, 不使用滚动条。
  - ➢ 【滚动】: 不论内容是否超出层的大小均为层添加滚动条。本选项不显示在文档窗口中。

> 【自动】：只有在内容超出层的边界时才出现滚动条。本选项不显示在文档窗口中。

● 【剪辑】：定义层的可见部分。如果指定了剪辑区域，可以通过脚本语言（如 JavaScript）来访问它，并操作属性以创建像擦除那样的特殊效果。使用"改变属性"行为可以设置擦除效果。

8. CSS 扩展

打开如图 5.3 所示的【.css1 的 CSS 规则定义】对话框，在左边的【分类】选框里选择【扩展】选项，如图 5.24 所示。

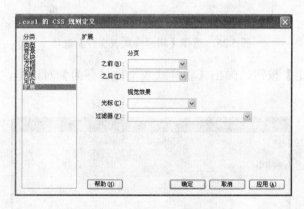

图 5.24 选择【扩展】选项

● 【分页】：打印时在样式所控制的对象之前或之后强行分页。此选项不受任何 4.0 版本浏览器的支持。

● 【光标】：当鼠标指针位于样式所控制的对象上时改变指针图像。Internet Explorer 4.0 和更高版本，以及 Netscape Navigator 6 支持该属性。

● 【过滤器】：对样式所控制的对象应用特殊效果（包括模糊和反转）。从下拉菜单中选择一种效果。

5.2 管理 CSS 样式

如果要对文档中的 CSS 样式进行编辑、删除等操作，可以在【CSS 样式】面板中找到相应的操作按钮。另外还可以链接或导入外部 CSS 样式文件到文档中。

5.2.1 新建样式表文件

练习文件
　　第 5 章\5-2\sty.css

（1）单击【CSS 样式】面板中的 按钮，弹出【新建 CSS 规则】对话框，在【规则定义】中选择【新建样式表文件】，如图 5.25 所示。

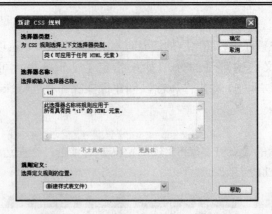

图 5.25　选择【新建样式表文件】选项

　　（2）单击【确定】按钮，弹出【将样式表文件另存为】对话框，输入文件名 sty，如图 5.26 所示。

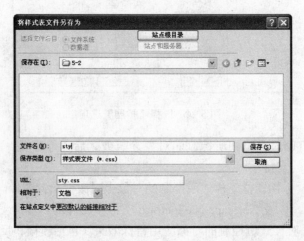

图 5.26　【将样式表文件另存为】对话框

　　（3）单击【保存】按钮，弹出【.t1 的 CSS 规则定义】对话框，如图 5.27 所示。单击【确定】按钮，样式表文件设置完成。

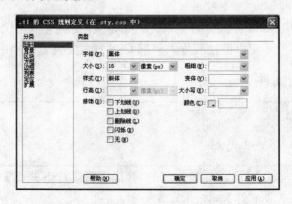

图 5.27　【.t1 的 CSS 规则定义】对话框

5.2.2　链接和导入 CSS 样式

练习文件
第 5 章\5-2\5-2-1.html

（1）单击【CSS 样式】面板中的【附加样式表】按钮，弹出【链接外部样式表】对话框，如图 5.28 所示。

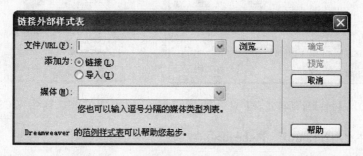

图 5.28　【链接外部样式表】对话框

（2）单击对话框中的【浏览】按钮，打开【选择样式表文件】对话框，在对话框中选择需要链接或导入的外部 CSS 样式文件，如图 5.29 所示。

（3）单击【确定】按钮，将 CSS 样式文件导入【链接外部样式表】对话框中，如图 5.30 所示。

（4）选中【添加为】选项区域中的【链接】单选按钮，单击【确定】按钮。在【CSS 样式】面板的列表中将显示链接或导入的 CSS 文件，如图 5.31 所示。

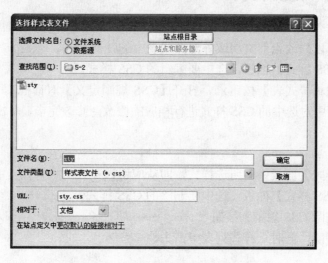

图 5.29　【选择样式表文件】对话框

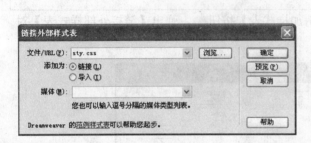

图 5.30　【链接外部样式表】对话框　　　　　　图 5.31　显示 CSS 文件

（5）在文件"5-2-1.html"的<head>区域增加了下面的代码：

```
<link href="sty.css" rel="stylesheet" type="text/css" />
```

在 sty.css 文件中增加了如下代码：

```
.t1 {
font-family: "黑体";
font-size: 16px;
font-style: italic;
}
```

5.2.3　编辑和删除 CSS 样式

1. 编辑样式

编辑样式，可以修改当前文档或外部样式表中的任何样式。

（1）打开【CSS 样式】面板，选中要编辑的 CSS 样式。

（2）单击【编辑样式表】按钮 ，打开【CSS 规则定义】对话框。

（3）在对话框中对选中的 CSS 样式进行相应的修改，修改完毕，单击【确定】按钮即可。

2. 删除样式

删除【CSS 样式】面板中的所选样式，即从应用该样式的所有元素中删除该样式。

（1）打开【CSS 样式】面板，选中要删除的 CSS 样式。

（2）单击【删除 CSS 规则】按钮 。

（3）样式被删除，同时从样式列表中消失。

5.3 使用 CSS 对页面布局

5.3.1 CSS 页面布局简介

练习文件

第 5 章\5-3\5-3-1.html 和 5-3-2.html

CSS 布局是一种"盒子模式",如图 5.32 所示。CSS 盒子模式具备如下属性:内容(content)、填充(padding)、边框(border)和边界(margin)。这就好比我们在日常生活中所见的盒子,内容就是盒子里装的东西;而填充就是怕盒子里装的东西损坏而添加的泡沫塑料或者其他抗震的辅料;边框就是盒子本身;至于边界则说明盒子摆放时不能全部堆在一起,要留一定空隙保持通风,同时也为了方便取出。在网页设计上,内容常指文字、图片等元素,填充只有宽度属性,可以理解为生活中盒子里的抗震辅料厚度,而边框有大小和颜色之分,可以理解为生活中所见盒子的厚度,以及这个盒子是用什么颜色的材料做成的,边界就是该盒子与其他东西要保留的距离。

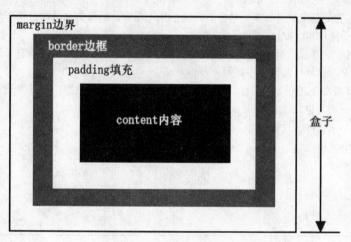

图 5.32 CSS 盒子模式

CSS 布局的基本元素是 Div 标签,它一般作为文本、图像或其他网页元素的容器。创建 CSS 布局时,将 Div 标签放在页面上,然后向标签中添加内容,再将这些标签根据布局需要放在不同的位置上。

如图 5.33 所示为一个包含 3 个单独 Div 标签的 HTML 页面,即一个主容器标签(container)、一个导航条标签(top)和一个主要内容标签(main)。

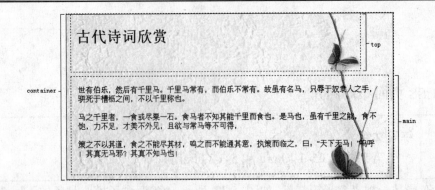

图 5.33 包含 3 个 Div 标签的页面

页面代码如下：

```
<body>
  <div id="container">              /*①*/
    <div id="top">                  /*②*/
      <h1>古代诗词欣赏</h1>
    </div>
    <div id="main">                 /*③*/
<p>世有伯乐，然后有千里马。千里马常有，而伯乐不常有。故虽有名马，只辱于奴隶人之手，骈死于槽枥之间，不以千里称也。</p>
<p>马之千里者，一食或尽粟一石。食马者不知其能千里而食也。是马也，虽有千里之能，食不饱，力不足，才美不外见，且欲与常马等不可得，</p>
<p>策之不以其道，食之不能尽其材，鸣之而不能通其意，执策而临之，曰："天下无马！"呜呼！其真无马耶？其真不知马也！</p>
    </div>
  </div>
</body>
```

注意
　　其中①、②和③是 3 个 Div 标签，标签中应用的是前面介绍过的样式类型：ID（仅应用于一个 HTML 元素）。

　　3 个 Div 标签对应 ID 的样式可以定义在本页面的头部中，也可以定义在外部样式表文件中。

1. 主容器标签 container

```
#container {
    background-image: url(bg.jpg);
    border: 1px solid #000;
    width: 700px;
```

```
        margin:0px;
        text-align: left;
}
```

#container 规则将容器 Div 标签的样式定义为 700 像素宽，有背景图像，无边距，有一个 1 像素宽的黑色实线边框，以及文本左对齐。

2. 导航条标签 top

```
#top {
        padding: 10px;
        height: 100px;
        width: 600px;
        margin-left: 10px;
}
```

#top 规则将容器 Div 标签的样式定义为 600 像素宽，100 像素高，顶部、右侧、左侧和底部与元素内容之间的补白区域为 10 像素，左边距为 10 像素。

3. 主要内容标签 main

```
#main {
        margin: 10px;
        padding-right: 15px;
        padding-bottom: 15px;
        padding-left: 15px;
}
```

#main 规则将容器 Div 标签的样式定义为各边距（上、下、左和右）为 10 像素，右侧补白 15 像素，底部补白 15 像素，左侧补白 15 像素。

技巧

这些 ID（container、top 和 main）都是唯一的，可以根据用户需要修改 ID 对应的样式来灵活变换布局，如图 5.34 所示。

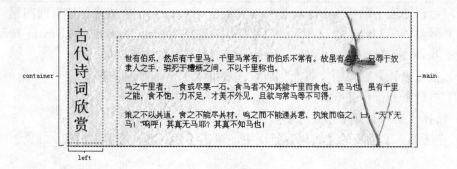

图 5.34　变换后的布局

图 5.34 是在图 5.33 的基础上，改变了两个 Div 标签（左侧导航条标签和主要内容标签）的样式得到的新布局。

4. 左侧导航条标签 left

```
#left {
        padding: 10px;
        float: left;
        width: 50px;
}
```

#left 规则将容器 Div 标签的样式定义为 50 像素宽，顶部、右侧、左侧和底部补白为 10 像素，浮动且文字按左对齐方式环绕。

5. 主要内容标签 main

```
#main {
        padding: 15px;
        margin-left: 100px;
        margin-top:50px;
}
```

#main 规则将容器 Div 标签的样式定义为顶部、右侧、左侧和底部补白为 15 像素，左边距为 100 像素，上边距为 50 像素。

可以看出，使用 CSS 页面布局来逐步替代传统的 HTML 表格布局，实现了结构和表现相分离，并且减少了页面代码量，提高了文件下载的速度，浏览器显示页面的速度也将更快。另外由于样式文件的独立性，用户选择自己喜欢的界面将变得更加容易。

5.3.2　插入 Div 标签

练习文件
　　第 5 章\5-3\5-3-3.html

用户可以通过手动插入 Div 标签并对它们应用 CSS 定位样式来创建页面布局。

（1）网页 5-3-3.html 中已导入外部 CSS 样式文件 main_layout2.css，main_layout2.css 中定义了 body 标签样式和主容器 container 标签样式，如图 5.35 所示。

（2）在【设计】窗口中，将光标放置在要插入 Div 标签的位置。

（3）执行下列操作之一。

① 选择【插入】→【布局对象】→【Div 标签】命令。

② 在【插入】面板的【布局】类别中，单击【插入 Div 标签】按钮▦。

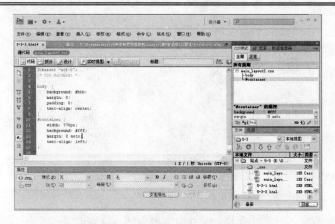

图 5.35　样式文件 main_layout2.css 源代码

（4）弹出【插入 Div 标签】对话框，如图 5.36 所示。

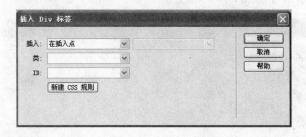

图 5.36　【插入 Div 标签】对话框

（5）对话框中各选项含义如下。

● 【插入】：可用于选择 Div 标签的位置及标签名称（如果不是新标签）。

● 【类】：显示了当前应用于标签的类样式。如果附加了样式表，则该样式表中定义的类将出现在列表中。可以使用此下拉菜单选择要应用于标签的样式。

● 【ID】：可让用户更改用于标识 Div 标签的名称。如果附加了样式表，则该样式表中定义的 ID 将出现在列表中。不会列出文档中已存在的块的 ID。

（6）设置主容器标签#container 的插入位置，如图 5.37 所示。单击【确定】按钮完成设置，【设计】窗口中效果如图 5.38 所示。

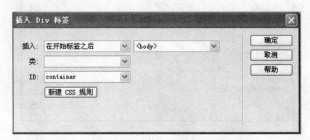

图 5.37　#container 标签插入设置

图 5.38　#container 标签插入后效果

（7）删除#container 标签中的内容，将光标置于标签中，选择【插入】→【布局对象】→【Div 标签】命令，弹出【插入 Div 标签】对话框，如图 5.39 所示。

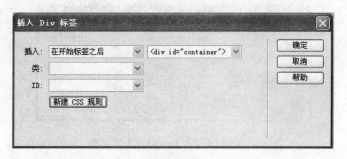

图 5.39　插入标签设置

（8）此时没有可以选择的类和 ID，单击【新建 CSS 规则】按钮，弹出【新建 CSS 规则】对话框，如图 5.40 所示。

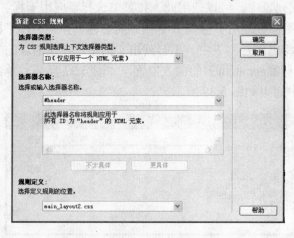

图 5.40　【新建 CSS 规则】对话框

（9）单击【确定】按钮，弹出【#header 的 CSS 规则定义】对话框，按如图 5.41 和图 5.42 所示的内容进行设置。

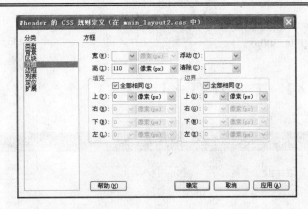

图 5.41 #header 的 CSS 规则定义中的【方框】标签页

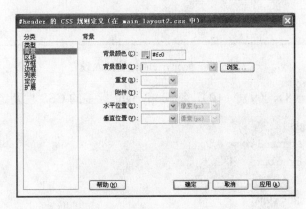

图 5.42 #header 的 CSS 规则定义中的【背景】标签页

（10）单击【确定】按钮，完成标签#header 的设置。

（11）选择【插入】→【布局对象】→【Div 标签】命令，弹出【插入 Div 标签】对话框，如图 5.43 所示。

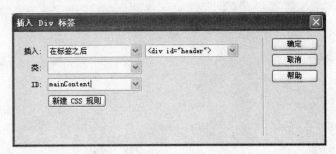

图 5.43 #mainContent 标签插入设置

（12）按照步骤（8）、（9）、（10），将#mainContent 标签的 CSS 规则定义为

```
#mainContent {
    background-color: #CF6;
    margin: 0px;
```

```
        padding: 0px;
        height: 300px;
    }
```

（13）选择【插入】→【布局对象】→【Div 标签】命令，弹出【插入 Div 标签】对话框，如图 5.44 所示。

插入 Div 标签
插入:
在标签之后
<div id="mainContent"
类:
ID:
copyright
新建 CSS 规则
确定
取消
帮助

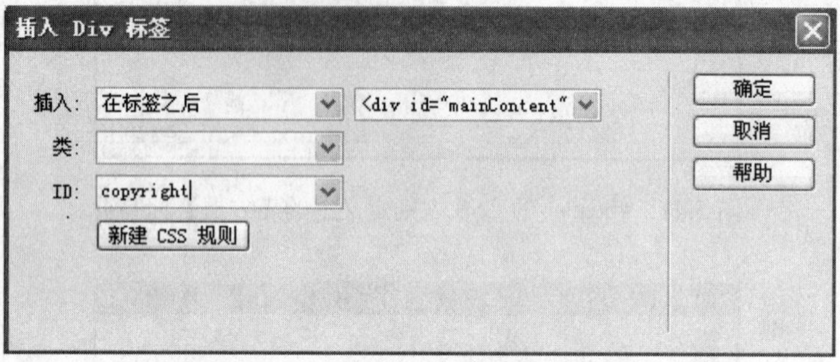

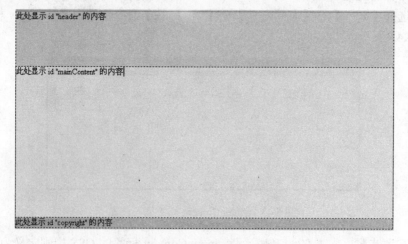

图 5.44　#copyright 标签插入设置

（14）按照步骤（8）、（9）、（10），将#copyright 标签的 CSS 规则定义为

```
    #copyright {
        background-color: #c9c;
        margin: 0px;
        padding: 0px;
        height: 20px;
    }
```

（15）页面布局效果如图 5.45 所示。

此处显示 id "header" 的内容
此处显示 id "mainContent" 的内容
此处显示 id "copyright" 的内容

图 5.45　页面布局效果

技巧

　　可选择【查看】→【可视化助理】命令，打开【CSS 布局背景】对话框查看页面布局。

5.3.3　定义文档结构

练习文件

　　第 5 章\5-3\5-3-4.html

　　5.3.2 节是通过手动插入 Div 标签并对它们应用 CSS 定位样式来创建页面布局的，对于初学者还可以通过 Dreamweaver CS4 的基本布局设计列表来快速地定义文档结构。

　　（1）选择【文件】→【新建】命令，打开【新建文档】对话框，选择【空白页】选项，【页面类型】为【HTML】，在【布局】中将显示基本的设计列表，如图 5.46 所示。

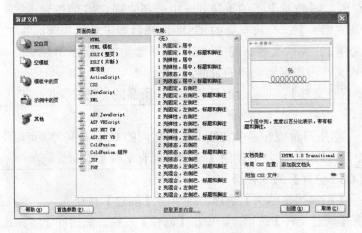

图 5.46　新建 CSS 布局文档结构

　　（2）【布局】中有 5 种类型可供选择。

- 【列固定】：总体宽度及其中所有栏的值都是以像素指定的。布局位于用户浏览器的中心。
- 【列弹性】：总体宽度及其中所有栏的值都是以 em 单位指定的。这使布局能够使用浏览器指定的基本字体进行大小缩放。如果站点访问者更改了文本设置，该设计将会进行调整，但不会基于浏览器窗口的大小来更改列宽度。
- 【列液态】：总体宽度及其中所有栏的值是以百分比形式指定的。百分比通过用户浏览器窗口的大小来进行计算，但不会基于站点访问者的文本设置来更改列宽度。
- 【列混合】：用上述 3 种布局的任意组合来指定列类型。例如，可能存在两列混合的形式，左侧栏布局有一个根据浏览器大小缩放的主列，右侧有一个根据站点访问者的文本设置进行大小缩放的弹性列。
- 【列绝对定位】：不同于前面 4 种布局使用浮动内容的外栏，绝对定位布局有绝对定位的外栏。

（3）右侧的预览视图中的各种图标注明了布局栏使用什么样的宽度，如图 5.47 所示。

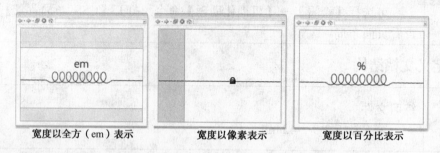

宽度以全方（em）表示　　　　宽度以像素表示　　　　宽度以百分比表示

图 5.47　图标表示为布局栏赋予的宽度单位

（4）【文档类型】一般选择【XHTML 1.0 Transitional】（在 W3C 推荐的 Web 标准中，推荐使用过渡的 XHTML 文档作为 CSS 布局页面的文档）。

（5）在【布局 CSS 位置】后的下拉列表中选择放置 CSS 的位置。

- 【添加到文档头】：会将布局的 CSS 选择器置于文档头部标签中。
- 【新建文件】：系统会将布局的 CSS 选择器添加到新的外部 CSS 文件中，并将这一新样式文件添加到要创建的页面。
- 【链接到现有文件】：可以指定已包含布局所需的 CSS 规则的现有外部 CSS 文档。

技巧

当用户希望在多个文档上使用相同的 CSS 布局时，可以将 CSS 规则包含在一个文件中，然后使用【链接到现有文件】选项。

（6）【布局 CSS 位置】的 3 种操作。

- 如果选择【添加到文档头】选项，则单击【创建】按钮。
- 如果选择【新建文件】选项，则单击【创建】按钮，然后在【将样式表文件另存为】对话框中指定外部 CSS 文件名称。
- 如果选择【链接到现有文件】选项，则需要在【附加 CSS 文件】后单击 图标。在弹出的【附加外部样式表】对话框中选择文件，然后单击【确定】按钮。完成时，再在【新建文件】对话框中单击【创建】按钮。

注意

创建页面布局时，仍然可以附加 CSS 样式表到页面中。

（7）按照如图 5.48 所示进行设置，选择使用【XHTML 1.0 Transitional】的【文档类型】，以及【2 列固定、右侧栏、标题和脚注】的【布局】，将【布局 CSS 位置】设置为【添加到文档头】，单击【创建】按钮。

（8）生成新文档 Untitled-1.html，文档头部中的 CSS 选择器以类.twoColFixRtHdr 开头，"twoCol" 表示两栏，"Fix" 表示固定布局，"Rt" 表示右栏，"Hdr" 表示有标题和脚注，如图 5.49 所示。

图 5.48 "2 列固定、右侧栏、标题和脚注" 布局

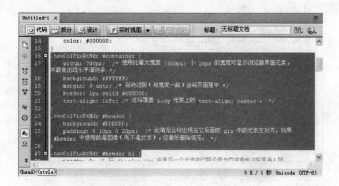

图 5.49 生成的新文档

注意

    CSS 选择器的源代码中还提供了扩展的内嵌注释,阅读这些注释对初学者学习非常有帮助。

（9）将新文档保存为 "5-3-4.html" 文件,布局结构如图 5.50 所示。

图 5.50 文档布局

5.3.4　浮动与清除

练习文件
第 5 章\5-3\5-3-5.html 和 5-3-5-end.html

在使用 CSS 布局的页面中，一般不使用 AP Div 进行页面的布局。多数页面都使用浮动属性进行页面元素的布局。如果为元素定义了浮动属性，那么元素会从其所在行中分离出来，在另一个层次中按照浮动的参数显示。

（1）打开文档 "5-3-5.html"，页面中已导入了外部文件 "my_layout.css"，该文档只包含 5 个固定标签#container、#header、#mainContent、#sidebar 和#footer。按下【F12】快捷键预览页面，如图 5.51 所示。

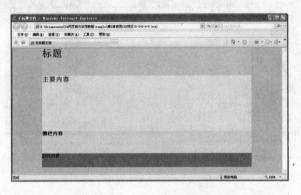

图 5.51　只包含固定元素的页面

（2）在 CSS 样式面板中给#mainContent 标签添加属性，【width】为【480px】,【float】为【left】，如图 5.52 所示。

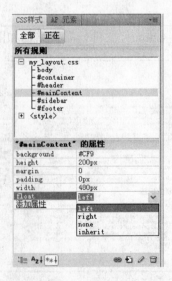

图 5.52　给#mainContent 标签添加【float】属性

（3）添加后，标签#sidebar 和#footer 向上移了，如图 5.53 所示。

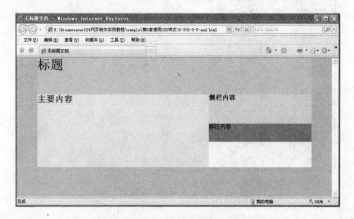

图 5.53　#mainContent 为浮动元素

（4）给#sidebar 标签添加属性，【width】为【100px】，【float】为【right】。

（5）此时，#mainContent 向左浮动，#sidebar 向右浮动，#footer 将占据#mainContent 和#sidebar 的位置，如图 5.54 所示。看起来有 3 列，但实际上#footer 占据了整行宽度。

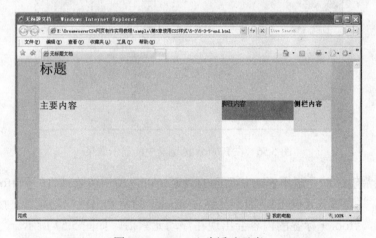

图 5.54　#sidebar 为浮动元素

注意

在浮动元素之后的非浮动元素，会忽略浮动元素继续显示。

（6）将 sidebar 的【width】改为【285px】，由于#mainContent 的【width】为【480px】，#container 的【width】为【770px】，因此余下 5px 的宽度，不足以显示#footer 中的文本内容，会使标签叠加在一起显示，如图 5.55 所示。

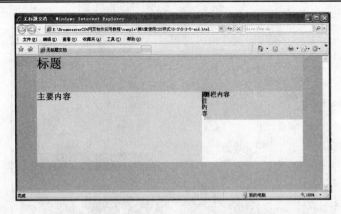

图 5.55　浮动元素影响固定元素

（7）在不同的浏览器中显示的效果不同，如图 5.56 所示为在 Firefox 浏览器中的显示效果。

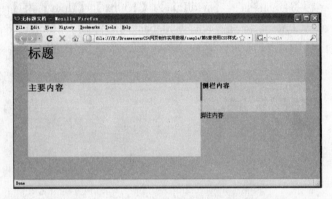

图 5.56　在 Firefox 浏览器中的显示效果

（8）如果希望浮动元素不影响其后面的元素，可以使用清除属性。给#footer 标签添加属性【clear】，并设置为【both】，即不允许在#footer 的两侧出现浮动元素。按下【F12】快捷键预览页面，#footer 标签的内容会出现在浮动元素后，如图 5.57 所示。

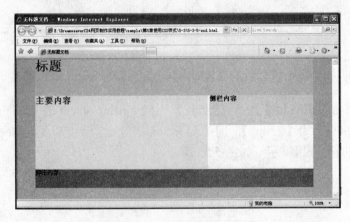

图 5.57　清除属性显示效果

5.3.5 浮动元素和父元素

练习文件
第 5 章\5-3\5-3-6.html

在 CSS 布局中，如果一个元素中包含浮动元素，那么称这个元素是浮动元素的父元素。浮动元素会和父元素中原有的内容分离开，如果希望父元素仍然包含浮动元素，也可以采用清除属性。

（1）在 5-3-6.html 的#innerContent 标签中包含了文本段落和图像，如图 5.58 所示。

图 5.58　父元素#innerContent

（2）将光标放在#innerContent 中，在 CSS 样式面板中新建 CSS 规则，在【选择器类型】中选择【复合内容（基于选择的内容）】，在【选择器名称】中输入#innerContent img，如图 5.59 所示。

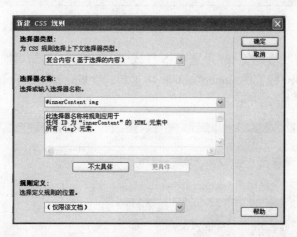

图 5.59　新建#innerContent img 规则

（3）单击【确定】按钮，弹出【#innerContent img 的 CSS 规则定义】对话框，在【分类】中选择【方框】选项，设置属性【Float】为【left】，单击【确定】按钮，完成设置，如图 5.60 所示。

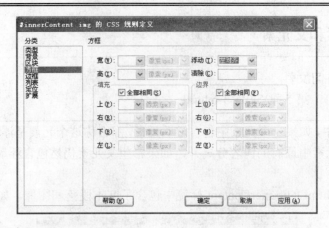

图 5.60　#innerContent img 的 CSS 规则定义

（4）按下【F12】快捷键预览页面，浮动元素<img>从父元素中"浮动"出来，现在父元素#innerContent 中只包含文本段落，如图 5.61 所示。

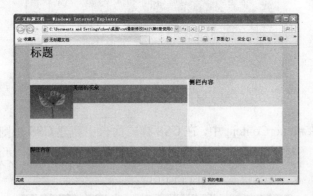

图 5.61　浮动元素和父元素

（5）给文本后的段落标签<p>设置 CSS 样式"content"，添加属性【clear】为【both】，则整个段落所在的 Div 标签的#innerContent 将重新包含#innerContent img。按下【F12】快捷键预览页面，如图 5.62 所示。

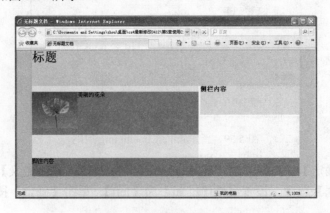

图 5.62　设置段落的清除属性

技巧

　　给#innerContent 添加属性【float】，并设置为【left】，也能使#innerContent
包含#innerContent img。

5.4　综 合 训 练

练习文件

　　第 5 章\5-4\5-4-1.html 和 5-4-1-end.html

5.4.1　特色说明

　　下面以制作一个网站为例来说明如何正确合理地使用 CSS 样式布局的网页技术，使用
户对自己的网页进行合理的排版。最终效果如图 5.63 所示。

图 5.63　最终效果

5.4.2　具体步骤

　　（1）先定义一个本地站点。具体设置如图 5.64 所示。

　　（2）手动插入 Div 标签并对它们应用 CSS 定位样式从而创建页面布局。基本布局效果
如图 5.65 所示。图中包含了一个主容器标签（container）、一个标题栏标签（header）、一
个网页中部标签（middle）、一个中部左栏标签（m_left）、一个中部右栏标签（m_right）和
一个网页底部标签（footer）。

　　CSS 布局是一种"盒子模式"，如图 5.65 所示，网页中部标签（middle）有上下边距
和上下填充属性；中部左栏标签（m_left）具有向左浮动、高度和宽度属性；中部右栏标
签（m_right）具有向右浮动、高度和宽度属性；网页底部标签（footer）在标签 m_left 和
m_right 之后显示，因此具有清除属性，还具有高度和宽度等属性。

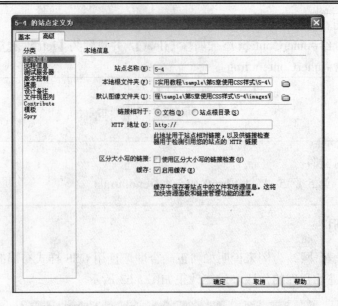

图 5.64 本地站点的设置

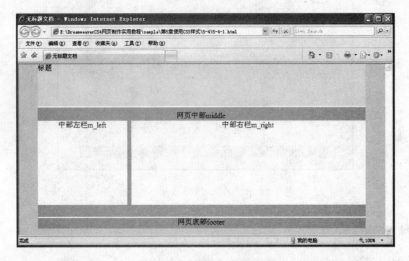

图 5.65 基本布局效果

① 在【CSS 样式面板】中单击【新建 CSS 规则】按钮，在【选择器类型】中选择【ID（仅应用于一个 HTML 元素）】，在【选择器名称】中输入#container。#container 为主容器标签，主要设置宽度和页面边距等属性。源代码如下：

```
#container {
        text-align: left;
        width: 800px;
        margin: 0 auto;
        }
```

② 按照上述步骤，创建标题栏标签（#header），主要设置 Div 标签所占高度等属性。

源代码如下：

```
#header {
        height: 200px;
}
```

③ 创建网页中部标签（middle），主要设置上下边距，以及上下填充等属性。源代码
如下：

```
#middle {
        margin-top: 3px;
        margin-bottom: 3px;
        padding-top: 10px;
        padding-bottom: 10px;
        height: 200px;
        width: 800px;
        background-color: #6fc691;
}
```

④ 创建网页中部左栏标签（m_left），主要设置向左浮动等属性。源代码如下：

```
#m_left {
        float: left;
        width: 220px;
        height: 200px;
        background-color: #FFF;
}
```

⑤ 创建中部右栏标签（m_right），主要设置向右浮动等属性。源代码如下：

```
#m_right {
        background-color: #FFF;
        height: 200px;
        width: 570px;
        float: right;
}
```

⑥ 创建网页底部标签（footer），主要设置清除等属性。源代码如下：

```
#footer {
        height: 25px;
        width: 800px;
        clear: left;
        text-align: center;
        background-color: #999;
}
```

（3）在页面中加入 Div 标签进行布局，源代码如下：

```
<body>
<div id="container">
      <div id="header">…</div>
      <div id="middle">
            <div id="m_left">…</div>
            <div id="m_right">…</div>
      </div>
            <div id="footer">…</div>
</div>
</body>
```

（4）在 Div 标签 header 中插入图像 104.jpg，在 Div 标签 m_left 中依次插入图像 105.gif、108.gif、109.gif、111.gif 和 113.gif。

（5）新建两个 Div 标签 innerimg 和 innertext，分别用来存放图片和文字部分。#innerimg 主要设置向左浮动、向上边距等属性；innertext 主要设置向右浮动、向上边距等属性。源代码如下：

```
#innertext {
height: 180px;
width: 380px;
text-align: left;
float: right;
margin-top: 20px;
margin-right: auto;
margin-bottom: auto;
margin-left: auto;
}
#innerimg {
height: 109px;
width: 131px;
float: left;
margin-top: 20px;
margin-right: auto;
margin-bottom: auto;
margin-left: auto;
}
```

（6）在 Div 标签 m_right 中嵌套两个 Div 标签 innerimg 和 innertext，源代码如下：

```
<div id="m_right">…
            <div id="innerimg">…</div>
            <div id="innertext">…</div>
</div>
```

（7）在两个 Div 标签 innerimg 和 innertext 中分别插入图像和文本。最后在网页底部标签（footer）中输入版权文字。

本 章 小 结

本章主要介绍了 CSS 样式常用选择器类型及其创建、应用和管理，着重讲解了使用 CSS 对页面布局的方法，使用户掌握网页布局技术的应用。

现在，大多数 Web 页面都采用了 CSS，许多设计人员也都全部采用 CSS 来布局。用 CSS 布局，不需要先考虑网页的外观和布局设计，只需思考网页信息的语义和结构即可。它意味着网页设计师首先必须清楚自己设计的页面要显示的信息，并根据这些信息把一个网页分成不同的内容块，并明确每块内容的目的，然后再根据这些内容的目的用不同语义元素建立相应的 HTML 结构。例如，假设我们正要设计的页面模块包括 Logo（站点名称或标志）、导航条、主页面内容和页脚（网页版权信息），那么使用 Div 元素将这些结构定义出来，如下：

```
<div id="header"></div>
<div id="navibar"></div>
<div id="maincontent"></div>
<div id="footer"></div>
```

上面的 HTML 代码不是布局，而是页面结构。Div 元素可以包含任何内容块，也可以嵌套另一个 Div。内容块可以包含任意的 HTML 元素，如标题元素（h1～h6）、段落元素（p）、图片元素（img）和表格元素（table）等。

当理解了这些结构后，就可以在 Div 上定义对应的 ID 属性，并进行布局了，即定义 CSS 样式。CSS 样式可以包括指定每个内容块应显示在页面上什么地方，定义内容块的背景颜色、字体、边框及对齐属性等。其中 Div 是结构化标签，而 background-color、font-size、margin 等是表现的属性，前者属于 HTML，后者属于 CSS。这样就实现了网页结构与内容表现的分离。

课 后 习 题

一、选择题

1. 下列对 CSS "ID 选择符" 的表述不正确的一项是（　　）。

A．ID 选择符可个别地定义每个元素的成分

B．这种选择符应该尽量少用，因为它具有一定的局限

C．一个 ID 选择符的指定要有指示符 "#" 在名字前面

D．ID 选择符应用非常广泛

2. 在 CSS 语言中（　　）是 "字体加粗" 的允许值。

A．white-space: <值>

B．list-style-type: <值>

C．border

D．list-style-image: <值>

3．下列说法中错误的是（　　　）。

A．默认情况下，Dreamweaver 使用 CSS（层叠样式表）设置文本格式

B．可以使用【首选参数】对话框更改 HTML 格式设置的页面格式设置首选参数

C．使用 CSS 页面属性时，Dreamweaver 对在【页面属性】对话框的【外观】、【链接】和【标题】类别中定义的所有属性使用 CSS 标签

D．定义这些属性的 CSS 标签不能嵌入页面的 head 部分中

4．下面关于应用样式表的说法错误的是（　　　）。

A．首先要选择使用样式的内容

B．也可以使用标签选择器来选择要使用样式的内容，但是比较麻烦

C．选择要使用样式的内容，在 CSS Styles 面板中单击要应用的样式名称即可

D．应用样式的内容可以是文本或段落等页面元素

二、填空题

1．CSS 样式又称＿＿＿＿＿＿样式，主要用来对页面的布局、字体、颜色、背景和其他效果实现更加精确的控制。

2．Dreamweaver CS4 层叠样式表 CSS 的选择符类型有 4 种，分别是重新定义 HTML 元素、可应用于任何 HTML 元素、复合内容和＿＿＿＿＿＿。在给最后一种选择符命名时，应以＿＿＿＿＿符号开头。

3．CSS 文件的后缀名为＿＿＿＿＿＿。

4．在 HTML 中定义 CSS 层（Div）时可以用＿＿＿＿＿＿标签。

5．将下列 CSS 定义中类 a1 选择符进行如下格式设置：字体采用蓝色的"隶体"字。

```
<Style type= "＿＿＿＿＿＿" >
<! ——
    ＿＿＿＿＿＿
—— >
</Style>
```

三、操作题

1．从 CSS 模板中创建 CSS 文件。选择【文件】→【新建】命令，在弹出的【新建文档】对话框中，选择【示例中的页】选项，在【示例文件夹】列表中选择【CSS 样式表】，然后在对应的列表框中选择【完整设计：Arial,蓝色/绿色/灰色】，再单击【创建】按钮，将该样式应用到个人网页中。

第 6 章　使用 JavaScript 行为

教学提示：JavaScript 是被设计用来向 HTML 页面添加交互行为的脚本语言。JavaScript 可被用来改进设计、验证表单、检测浏览器、创建 cookies，等等。许多优秀的网页不仅有丰富的文字和图像，还包含许多其他交互式效果，如当鼠标移动到特定的图像或按钮上时，会在特定的位置出现提示文字，这都是使用了本章将要介绍的 Dreamweaver CS4 的另一大功能——行为。使用行为可以在网页中实现丰富多彩的交互效果。

教学内容：本章将介绍如何使用 JavaScript 来完成 Dreamweaver CS4 内置行为。

6.1　JavaScript 概述

6.1.1　事件

事件是为了执行行为的动作而制定的某些条件，是大多数浏览器理解的通用代码。例如在载入网页文档或单击鼠标等情况时系统会执行相关动作。因此，根据应用条件的对象不同，可指定的事件也会不同。

1. 与浏览器相关的事件

事　件	说　明
onLoad	HTML、图像、Flash、框架集等完全载入时
onUnload	从当前文档中移动到其他文档时
onError	在读取网页文档过程中发生 JavaScript 错误时
onAbort	在读取网页文档过程中按浏览器的【停止】（Stop）按钮中断载入时
onResize	调整浏览器或框架的大小时
onScroll	拖动滚动条时

2. 与鼠标和键盘相关的事件

事　件	说　明	事　件	说　明
onClick	单击鼠标时	onDbClick	双击鼠标时
onMouseOver	放置光标时	onMouseOut	光标移出热点区域时
onMouseDown	按下鼠标时	onMouseUp	松开鼠标按键时
onMouseMove	移动鼠标时	onKeyDown	按下键盘上的键时
onKeyPress	按键盘上的键时	onKeyUp	松开键盘上的键时

3. 与表单样式相关的事件

事　件	说　明
onFocus	表单样式区域内部放置光标时
onBlur	表单样式区域外部放置光标时

续表

事　件	说　　明
onChange	修改表单样式的初始值时
onSelect	选择表单样式区域内的文本时
onSubmit	提交表单样式时
onReset	重新设置表单样式时

6.1.2　行为

行为（Behavior）是用来动态响应用户操作、改变当前页面效果或执行特定任务的一种方法，它是由事件（Event）和动作（Action）构成的。使用行为首先要选择运用行为的对象，然后选择发生的动作，最后需要确定动作在何种情况下发生的事件。

6.2　应用 Dreamweaver CS4 内置行为

6.2.1　使用内置行为

在 Dreamweaver CS4 中，无需编写触发事件及动作脚本代码，直接利用 Dreamweaver CS4【行为】面板中的各项设置，就可以轻松实现丰富的动态页面效果，达到用户与页面交互的目的。【行为】面板可以通过选择菜单【窗口】→【行为】命令，或者直接按下快捷键【Shift+F4】来打开，【行为】面板如图 6.1 所示。

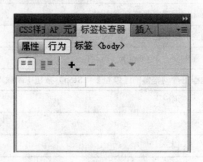

图 6.1　【行为】面板

在【行为】面板中可以执行以下操作。

（1）增加行为：单击【行为】面板列表框上面的【添加行为】按钮 ，在打开的下拉菜单中选择系统内置的行为。

（2）删除行为：单击【行为】面板列表框，选中该行为，单击列表框上的【删除事件】按钮 。

（3）调整行为顺序：单击【增加事件值】按钮 可以向上移动行为，单击【降低事件值】按钮 可以向下移动行为。

6.2.2　调用 JavaScript 行为

练习文件
第 6 章\6-2\6-2-1.htm

调用 JavaScript 动作允许用户使用【行为】指定一个自定义功能，或当发生某个事件时应该执行一段 JavaScript 代码时，用户可以自己编写或使用免费代码。

（1）打开网页文档，如图 6.2 所示。

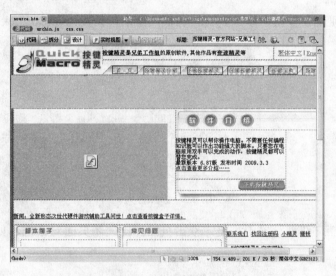

图 6.2　开打网页文档

（2）执行【窗口】→【行为】命令，打开【行为】面板，单击【行为】面板列表框上面的 按钮添加行为，选择【调用 JavaScript】命令，如图 6.3 所示。

图 6.3　【调用 JavaScript】命令

（3）弹出【调用 JavaScript】对话框，在对话框中输入 window.close()，用来实现关闭当前浏览器窗口或 HTML 应用程序的功能，如图 6.4 所示。

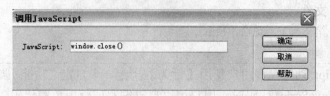

图 6.4　【调用 JavaScript】对话框

（4）单击【确定】按钮，添加到行为面板，将事件设置为 onDbClick，如图 6.5 所示。

图 6.5　添加行为

（5）保存文档，在浏览器中预览，双击页面弹出关闭页面对话框，如图 6.6 所示。

图 6.6　调用 JavaScript 行为

6.2.3　改变属性行为

练习文件
　　第 6 章\6-2\6-2.htm
完成效果
　　第 6 章\6-2\6-2-2.htm

使用改变属性行为可以更改对象的某个属性的值,该属性由浏览器决定。

(1)在原目录下复制 6-2.htm,另存为 6-2-2.htm,打开网页文档,选中要改变属性的图像,如图 6.7 所示,选中"立即下载"按钮图像。

图 6.7 选择图像

(2)执行【窗口】→【属性】命令,在【属性】面板中的 ID 文本框中输入"pic1",如图 6.8 所示。

图 6.8 【属性】面板

(3)执行【窗口】→【行为】命令,打开【行为】面板,单击【行为】面板列表框上面的 ➕ 按钮添加行为,选择【改变属性】命令,弹出【改变属性】对话框。

(4)在对话框中的【元素类型】中选择【IMG】,【属性】栏中单击【选择】单选按钮,在后面的下拉列表中选择【src】,在【新的值】文本框中输入"mvsite6-2-2.filesindex-13a.gif",如图 6.9 所示。

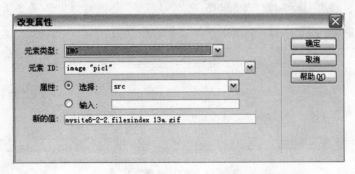

图 6.9 【改变属性】对话框

　　（5）单击【确定】按钮，添加到【行为】面板中，将事件设置为 onMouseMove，如图 6.10 所示。

图 6.10　添加行为

　　（6）保存文档。

6.2.4　检查浏览器行为

 练习文件
第 6 章\6-2\6-2.htm

　　检查浏览器行为是根据网页访问者使用的浏览器，分别链接不同文件的行为。该行为不仅可以根据浏览器的类型来显示不同的网页文件，而且还可以根据一个浏览器的不同版本，显示出不同的网页文件。两个文件中一个为 URL，另一个为替代 URL，根据条件来连接 URL 或者替代 URL。

　　（1）打开网页文档，如图 6.11 所示。

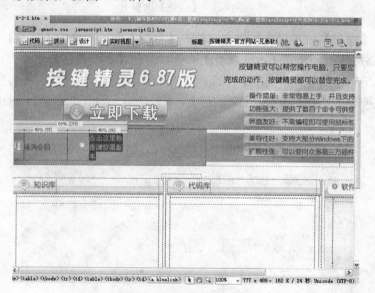

图 6.11　打开网页文档

（2）选中附加行为的对象，即"点击这里检查浏览器版本"文本，在【属性】面板中的【链接】文本框中输入"#"，如图 6.12 所示。

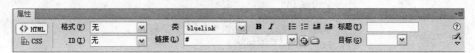

图 6.12　设置链接

（3）执行【窗口】→【行为】命令，打开【行为】面板，单击【行为】面板列表框上面的 + 按钮添加行为，选择【建议不再使用】→【检查浏览器】命令，弹出【检查浏览器】对话框，如图 6.13 所示。

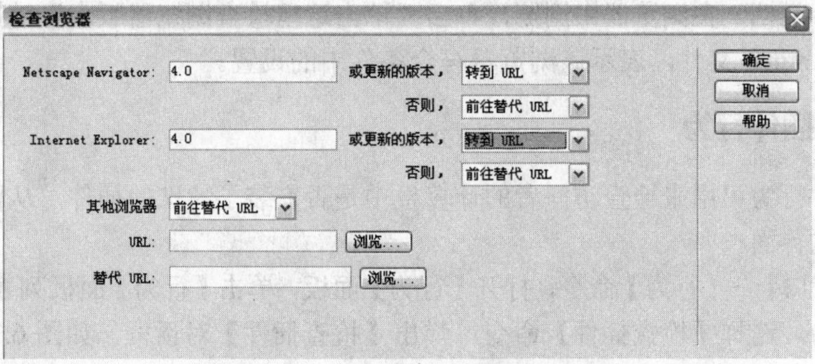

图 6.13　【检查浏览器】对话框

【检查浏览器】对话框可指定一个 Netscape Navigator 或 Internet Explorer 的版本，在相邻的下拉列表中，选择选项以指定如果浏览器是指定的浏览器版本或更高级版本时该进行何种操作。选项包括【转到 URL】、【前往替换 URL】和【留在此页】。

（4）设置【检查浏览器】对话框，如图 6.14 所示。

图 6.14　设置【检查浏览器】对话框

（5）单击【确定】按钮，添加到【行为】面板中，将事件设置为 onClick，如图 6.15 所示。

图 6.15　添加行为

（6）保存文档，在浏览器中浏览，单击"单击这里检查浏览器版本"链接，页面会跳转到"6-2-2a.htm"文件，表示该浏览器符合条件中的设置。

6.2.5　检查插件行为

检查插件行为可用来检查访问者的计算机中是否安装了特殊的插件，从而决定将访问者带到不同的界面。

执行【窗口】→【行为】命令，打开【行为】面板，单击【行为】面板列表框上面的 ＋ 按钮添加行为，选择【检查插件】命令，弹出【检查插件】对话框，如图 6.16 所示。

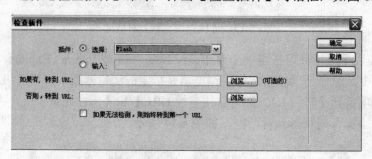

图 6.16　【检查插件】对话框

检查插件对话框主要有以下参数。

● 从【插件】下拉列表中选择一个插件，或选择【输入】单选按钮，并在右边的文本框中输入插件名称。

● 在【如果有，转到 URL】文本框中，为具有该插件的浏览器用户指定一个 URL。

● 在【否则，转到 URL】文本框中，为不具有该插件的浏览器用户指定一个替代 URL。

6.2.6　拖动 AP 元素行为

练习文件
　　第 6 章\6-2\6-2.htm
完成效果
　　第 6 章\6-2\6-2-6.htm

拖动 AP 元素行为允许访问者拖动 AP Div，使用此行为可以创建拼板游戏和其他可拖动的页面元素。

（1）打开页面文档，将光标置于文档中，单击【插入】→【布局】→【绘制 AP Div】命令，插入 AP Div，如图 6.17 所示。

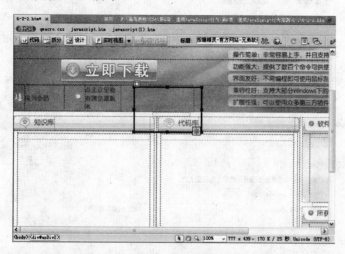

图 6.17　插入 AP Div

（2）在 AP Div 中插入图像 s04.jpg，如图 6.18 所示。

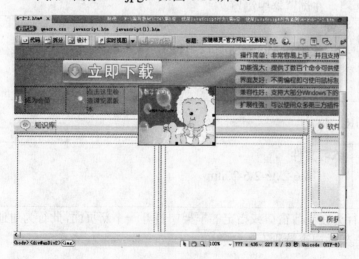

图 6.18　插入图像

（3）选中\<body\>标签，执行【窗口】→【行为】命令，打开【行为】面板，单击【行为】面板列表框上面的 + 按钮添加行为，选择【拖动 AP 元素】命令，弹出【拖动 AP 元素】对话框。

（4）在【拖动 AP 元素】对话框中的【AP 元素】下拉列表中选择【div"apDiv2"】，在【移动】下拉列表中选择【不限制】，将【靠齐距离】设置为 50，如图 6.19 所示。

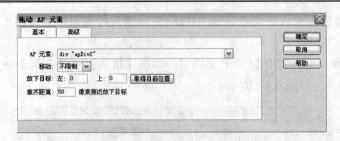

图 6.19　【拖动 AP 元素】对话框

（5）在【高级】模式中可定义 AP Div 的拖动控制点，如图 6.20 所示。

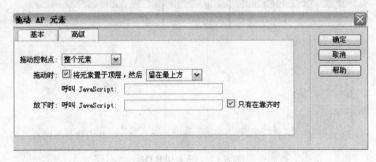

图 6.20　【高级】模式

（6）保存文档，在浏览器中浏览。

注意

使用 onMouseDown 事件的对象不能与拖动层动作连接。

6.2.7　转到 URL 行为

练习文件

第 6 章\6-2\6-2.htm

转到 URL 行为在当前窗口或指定的框架中打开一个新页面，此行为对通过一次单击更改两个或多个框架的内容特别有用。

（1）打开网页文档。

（2）执行【窗口】→【行为】命令，打开【行为】面板，单击【行为】面板列表框上面的 ＋ 按钮添加行为，选择【转到 URL】命令，弹出【转到 URL】对话框，如图 6.21 所示。

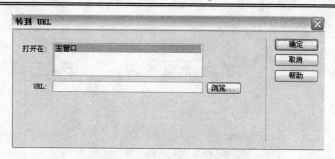

图 6.21 【转到 URL】对话框

（3）在【转到 URL】对话框中单击【浏览】按钮，弹出【选择文件】对话框，如图 6.22
所示。选择"6-2-2a.htm"文件，或者在 URL 文本框中直接输入文档路径和文件名。

图 6.22 【选择文件】对话框

（4）单击【确定】按钮，添加行为，保存文档。

6.2.8 跳转菜单行为

练习文件

第 6 章\6-2\6-2-3.htm

（1）打开网页文档。

（2）选中插入的跳转菜单，执行【窗口】→【行为】命令，打开【行为】面板，单击
【行为】面板列表框上面的 按钮添加行为，选择【跳转菜单】命令，弹出【跳转菜单】
对话框。

（3）设置【跳转菜单】对话框，如图 6.23 所示。

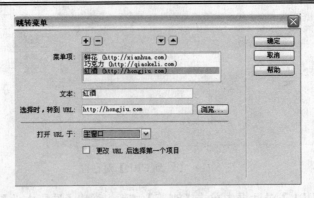

图 6.23 设置【跳转菜单】对话框

（4）单击【确定】按钮，添加行为，如图 6.24 所示。

图 6.24 添加行为

（5）保存文档。

6.2.9 跳转菜单开始行为

跳转菜单开始行为在商业网站中被广泛应用。跳转菜单开始行为与跳转菜单行为密切相关，它允许将前往按钮和一个跳转菜单行为关联起来，该按钮形式多样，可以是图像也可以是文本。当单击该按钮时，即打开了在跳转菜单中选择的链接。在普通页面中跳转菜单不需要这样的按钮，直接在跳转菜单中选择就可以载入 URL，但是如果跳转菜单位于一个框架中，而跳转菜单项链接到其他框架中的网页，就需要这种按钮，方便浏览者重新选择已在跳转菜单中选择的项。

（1）选中作为跳转按钮的对象，执行【窗口】→【行为】命令，打开【行为】面板，单击【行为】面板列表框上面的 + 按钮添加行为，选择【跳转菜单开始】命令。

（2）弹出【跳转菜单开始】对话框，选定页面中存在的将被跳转按钮激活的下拉菜单。

（3）单击【确定】按钮。

6.2.10　打开浏览器窗口行为

练习文件	
	第 6 章\6-2\6-2.htm
	第 6 章\6-2\6-2-10b.htm
完成效果	
	第 6 章\6-2\6-2-10.htm

使用打开浏览器窗口行为可以在一个新窗口中打开 URL，并可以指定新窗口的属性，如窗口大小、名称等。

（1）在原目录下复制 "6-2.htm" 文件，另存为 "6-2-10.htm" 文件，打开网页文档。

（2）选中添加行为的对象，执行【窗口】→【行为】命令，打开【行为】面板，单击【行为】面板列表框上面的 ➕ 按钮添加行为，选择【打开浏览器窗口】命令，弹出【打开浏览器窗口】对话框。

（3）设置【打开浏览器窗口】对话框，在【要显示的 URL】文本框内填入 6-2-10b.htm，如图 6.25 所示。

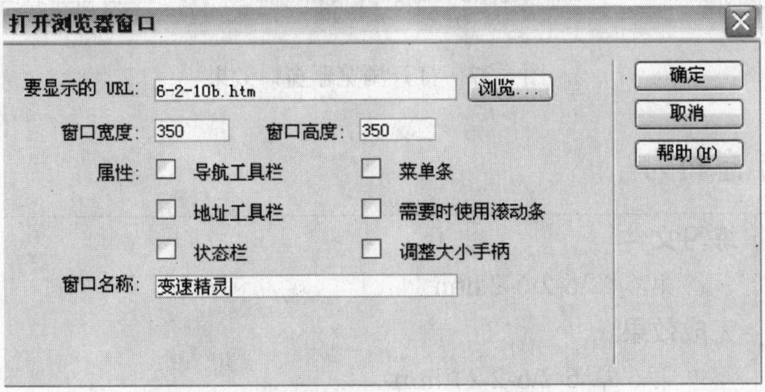

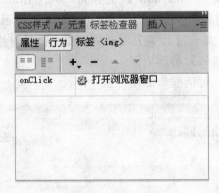

图 6.25　设置【打开浏览器窗口】对话框

（4）添加行为 "onClick"，如图 6.26 所示。

图 6.26　添加行为

（5）保存页面，预览效果，如图 6.27 所示。

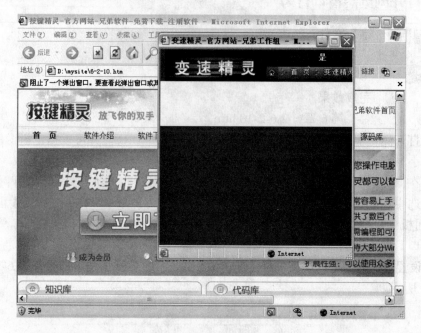

图 6.27　打开浏览器窗口效果

6.2.11　弹出信息行为

练习文件
　　第 6 章\6-2\6-2.htm
完成效果
　　第 6 章\6-2\6-2-11.htm

弹出信息行为可弹出一个带有特定消息的 JavaScript 警告框，该警告框只有一个【确定】按钮，因此此行为只能提供信息，不能提供选择。

（1）在原目录下复制文件"6-2.htm"，另存为"6-2-11.htm"文件，打开网页文档。

（2）选中添加行为的对象（放大镜图片 6-2-11.files/watch.gif），执行【窗口】→【行为】命令，打开【行为】面板，单击【行为】面板列表框上面的 ＋ 按钮添加行为，选择【弹出信息】命令，弹出【弹出信息】对话框。

（3）设置【弹出信息】对话框，如图 6.28 所示。

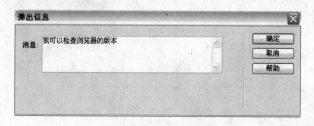

图 6.28　【弹出信息】对话框

（4）添加行为 onClick，如图 6.29 所示。

图 6.29 添加行为

（5）保存页面，预览效果，如图 6.30 所示。

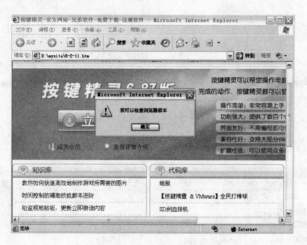

图 6.30 弹出信息效果

6.2.12 设置导航栏图像行为

练习文件
第 6 章\6-2\6-2.htm
完成效果
第 6 章\6-2\6-2-12.htm

设置导航栏图像行为可以将现有的图像变为导航栏中的图像，或者改变导航栏中的图像。

（1）在原目录下复制 6-2.htm，另存为 6-2-12.htm，打开网页文档。

（2）选中添加行为的对象（软件新闻图片 6-2-12.files/index_28.gif），如图 6.31 所示。执行【窗口】→【行为】命令，打开【行为】面板，单击【行为】面板列表框上面的 + 按钮添加行为，选择【设置导航栏图像】命令，弹出【设置导航栏图像】对话框。

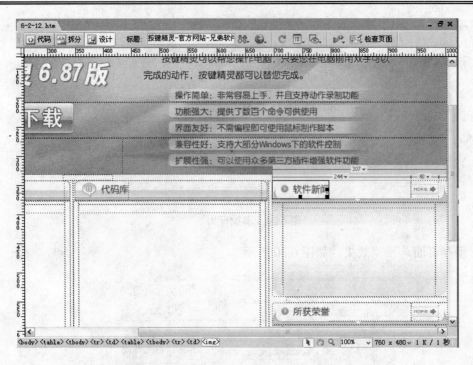

图 6.31 选中图像

（3）设置【设置导航栏图像】对话框，如图 6.32 所示。

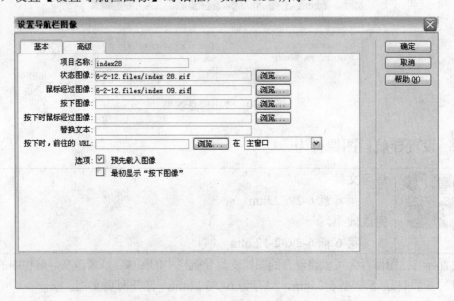

图 6.32 设置【设置导航栏图像】对话框

（4）添加行为，如图 6.33 所示。

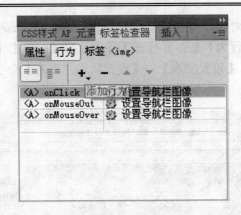

图 6.33 添加行为

（5）保存页面，预览效果，如图 6.34 所示。

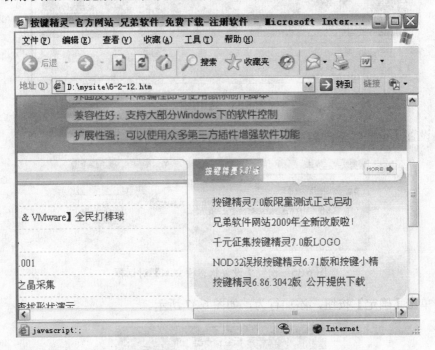

图 6.34 鼠标经过图像时的效果

6.2.13 设置状态栏文本行为

 练习文件
第 6 章\6-2\6-2.htm
完成效果
第 6 章\6-2\6-2-13.htm

设置状态栏文本行为可以在浏览器底部的状态栏中显示用户设定的消息。

（1）在原目录下复制 6-2.htm，另存为 6-2-13.htm，打开网页文档。

（2）选中添加行为的对象（按键精灵 6.87 版图片 6-2-13.files/index_09.gif），如图 6.35 所示。执行【窗口】→【行为】命令，打开【行为】面板，单击【行为】面板列表框上面的 按钮添加行为，选择【设置文本】→【设置状态栏文本】命令，弹出【设置状态栏文本】对话框。

图 6.35　选中图像

（3）设置【设置状态栏文本】对话框，如图 6.36 所示。

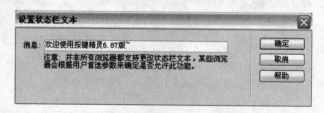

图 6.36　设置【设置状态栏文本】对话框

（4）单击【确定】按钮，添加行为，如图 6.37 所示。

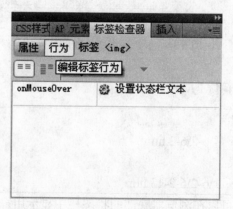

图 6.37　添加行为

（5）保存页面，预览效果，如图 6.38 所示。

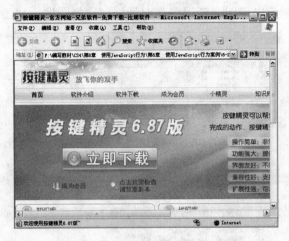

图 6.38　设置状态栏文本效果

6.2.14　交换图像行为

练习文件
第 6 章\6-2\6-2.htm
完成效果
第 6 章\6-2\6-2-14.htm

交换图像行为是将一幅图像替换为另一幅图像，该行为由两幅图像组成。

（1）在原目录下复制 6-2.htm，另存为 6-2-14.htm，打开网页文档。

（2）选中添加行为的对象（知识库图片 6-2-14.files/index_21.gif），并在【属性】面板中将其命名为 image1，如图 6.39 所示。执行【窗口】→【行为】命令，打开【行为】面板，单击【行为】面板列表框上面的 + 按钮添加行为，选择【交换图像】命令，弹出【交换图像】对话框。

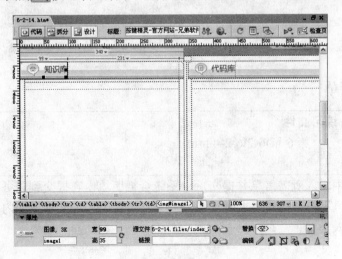

图 6.39　选中图像

（3）在【交换图像】对话框中单击【设定原始档为】复选框，可在载入网页的同时将新图像载入缓存，以避免出现图像延迟。在对话框中选择图像，如图 6.40 所示。

图 6.40　设置【交换图像】对话框

（4）单击【确定】按钮，添加行为，如图 6.41 所示。

（5）保存页面，预览效果，如图 6.42 所示。

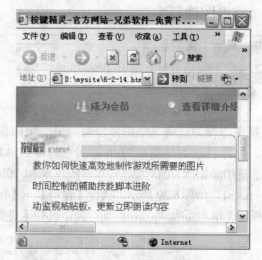

图 6.41　添加行为　　　　　图 6.42　【交换图像】效果

6.2.15　检查表单行为

练习文件

第 6 章\6-2\6-2-4.htm

在表单样式中输入所需信息并提交后，系统会把所填内容提交到服务器上的程序中。当用户输入的信息不符合格式要求时，检查表单行为可为指定文本域的内容进行检查，确保输入正确的输入类型。

（1）打开网页文档。

（2）选中表单，执行【窗口】→【行为】命令，打开【行为】面板，单击【行为】面

板列表框上面的 按钮添加行为，选择【检查表单】命令，弹出【检查表单】对话框。

（3）设置【检查表单】对话框，如图 6.43 所示。

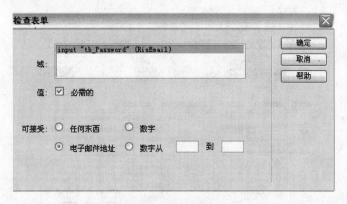

图 6.43 设置【检查表单】对话框

● 【任何东西】：表示该文本域是必需的，可为任何数据类型。
● 【电子邮件地址】：检查该域是否包含一个@符号。
● 【数字】：检查该文本域是否只包含数字。
● 【数字从】：检查该文本域是否包含特定范围内的数字。

（4）单击【确定】按钮，添加行为，如图 6.44 所示。

（5）保存页面，预览效果，如图 6.45 所示。

图 6.44 添加行为

图 6.45 【检查表单】效果

6.2.16 显示-隐藏元素行为

	练习文件
	第 6 章\6-2\6-2-5.htm

显示-隐藏元素行为可以根据鼠标事件显示或隐藏页面中的元素，从而改善与用户之间的交互。

（1）打开网页文档，如图 6.46 所示。

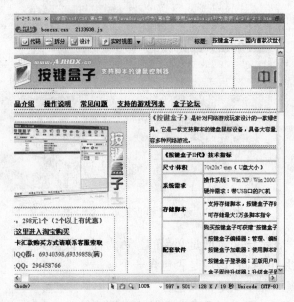

图 6.46　打开网页文档

（2）单击【插入】→【布局】→【标准】→【绘制 AP Div】命令，如图 6.47 所示。

（3）在"支持的游戏列表"下方插入 AP Div，如图 6.48 所示。设置 AP Div 的属性为左 353px，右 143px，宽 101px，高 143px。

图 6.47　【布局】面板　　　　　　图 6.48　插入 AP Div

（4）将光标置于 AP Div 中，单击【插入】→【表格】命令，插入一个 4 行 1 列的表格，将边框设置为 1，背景颜色设置为#CCCCFF，如图 6.49 所示。

（5）在单元格中输入文字，设置文字在单元格内居中对齐、加粗，如图 6.50 所示。

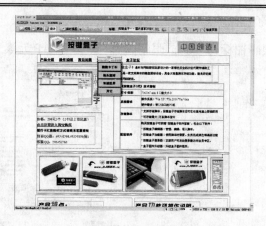

图 6.49　设置表格属性　　　　　　　　　　图 6.50　输入文字

（6）选中文字"支持的游戏列表"，执行【窗口】→【行为】命令，打开【行为】面板，单击【行为】面板列表框上面的 + 按钮添加行为，选择【显示-隐藏元素】命令，弹出【显示-隐藏元素】对话框，选中对话框中的【div "apDiv1"】，单击【显示】按钮，如图 6.51 所示。单击【确定】按钮，添加到【行为】面板。

（7）将事件设置为 onMouseOver，如图 6.52 所示。

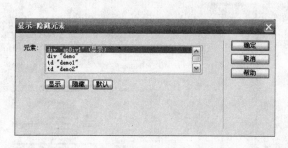
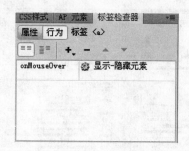

图 6.51　【显示-隐藏元素】对话框　　　　　　图 6.52　添加行为

（8）选中文字"支持的游戏列表"，执行【窗口】→【行为】命令，打开【行为】面板，单击【行为】面板列表框上面的 + 按钮添加行为，选择【显示-隐藏元素】命令，弹出【显示-隐藏元素】对话框，选中对话框中的【div "apDiv1"】，单击【隐藏】按钮，如图 6.53 所示。单击【确定】按钮，添加到【行为】面板。

（9）将事件设置为 onMouseOut，如图 6.54 所示。

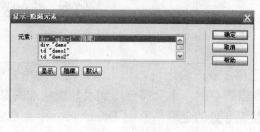

图 6.53　【显示-隐藏元素】对话框　　　　　　图 6.54　添加行为

（10）单击【窗口】→【AP 元素】选项，展开【AP 元素】面板，在面板中双击左侧眼睛图标列 ，眼睛睁开 表示 AP 元素可见，如图 6.55 所示。

图 6.55　显示 AP Div

（11）在面板中双击左侧眼睛图标列 ，出现眼睛闭上 时，表示 AP 元素为不可见，如图 6.56 所示。

（12）保存文档，在浏览器中预览效果，当鼠标经过文字"支持的游戏列表"时，出现下拉菜单列表，如图 6.57 所示。

图 6.56　隐藏 AP Div

图 6.57　【显示-隐藏元素】效果

6.2.17　预先载入图像行为

练习文件
第 6 章\6-2\6-2-17.htm

当网页中的图像过大时，在用到它再加载时会出现白块现象，为了避免这个现象出现，可以让比较大的图片预先载入浏览器缓存中，这就需要用到"预先载入图像"功能，这样可防止当图像应该出现时由于下载而导致的延迟，而用 Dreamweaver 完成它则更为简单。

（1）在 Dreamweaver CS4 中新建一个网页 6-2-17.htm，在页面中输入文字"预先载入图像行为"，并为文字添加链接到 6-2-4.htm，【目标】为【_blank】，如图 6.58 所示。

（2）在设计视图中，用鼠标单击网页任意区域，执行【窗口】→【行为】命令，打开【行为】面板，单击【行为】面板列表框上面的 + 按钮添加行为，选择【预先载入图像】命令，如图 6.59 所示。

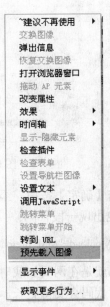

图 6.58　新建网页　　　　　　　　图 6.59　【行为】菜单

（3）弹出【预先载入图像】对话框，在【图像源文件】文本框中填入要预先载入图像的路径和名称，如图 6.60 所示。

图 6.60　【预先载入图像】对话框

或者单击【浏览】按钮，弹出【选择图像源文件】对话框，选择 image 文件夹中的 1.jpg 文件，如图 6.61 所示。单击【确定】按钮选中文件。如果要载入多张图像，单击【添加项】按钮 +，重复步骤（3）即可。

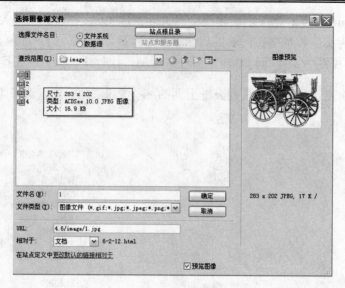

图 6.61　【选择图像源文件】对话框

　　（4）单击【确定】按钮，添加行为，将事件设为 onLoad，如图 6.62 所示。在源代码的<body>处也出现一段代码：

<body onload="MM_preloadImages（'4.6/image/1.jpg'）">

　　这段代码就是在网页加载时预先载入图像所指的位置和文件名，如果有多个预先载入的图像，这行代码会变得更长。

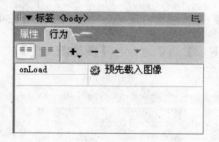

图 6.62　添加行为

6.3　第三方 JavaScript 库的支持

　　Dreamweaver CS4 最有用的功能之一就是它的扩展性，它可提供对多种 JavaScript 的第三方类库的支持，如 Prototype、jQuery、YUI、ExtJS 等。单击【行为】面板列表框上面的　　按钮，选择【获取更多行为】命令，随后打开一个浏览器窗口，可进入 Exchange 站点，在该站点可浏览、搜索、下载并安装更多更新的行为。如果用户需要更多的行为，还可以到第三方开发人员的站点上搜索并下载。

6.4　综合训练

练习文件
第 6 章\6-4

6.4.1　特色说明

　　下面通过综合应用图像、文本和层行为等几方面的实例，为一个网页添加交换图像、设置状态栏文本和拖动 AP 元素等行为，使初学者学会使用【行为】面板管理行为。最终效果如图 6.63 所示。

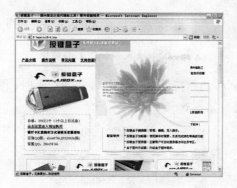

图 6.63　网页综合效果

6.4.2　具体步骤

　　（1）在 Dreamweaver CS4 中打开素材 6-4.htm，如图 6.64 所示。

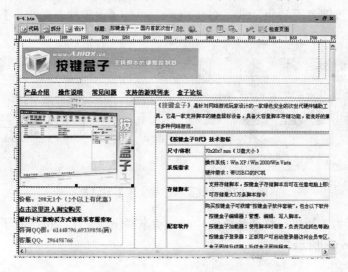

图 6.64　打开网页

（2）选中添加行为的对象（按键盒子界面截图图片 picsoft.gif）；

（3）使用【交换图像】行为命令，将 6-4.files 文件夹中的图片"pic_04.gif"选为替换文件，如图 6.65 所示。

图 6.65　【交换图像】对话框

（4）添加行为，当鼠标移动到按键盒子界面截图图片上时，图片会交换为"pic_04.gif"，当鼠标移开时恢复为原图，如图 6.66 所示。

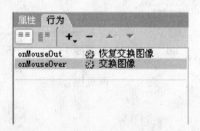

图 6.66　添加行为

（5）选中"按键盒子 logo"图片（logo.gif），添加【设置状态栏文本】行为，如图 6.67 所示。

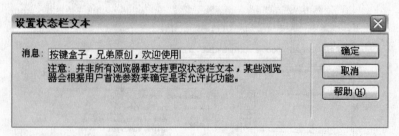

图 6.67　【设置状态栏文本】对话框

（6）添加行为，当鼠标移动到该图片时，状态栏出现文字"按键盒子，兄弟原创，欢迎使用"，如图 6.68 所示。

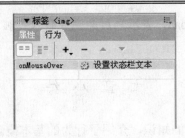

图 6.68 添加行为

（7）将光标置于文档中，单击【插入】→【布局】→【绘制 AP Div】命令，插入 AP Div，如图 6.69 所示。

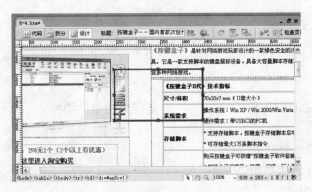

图 6.69 插入 AP Div

（8）将 6-4.files 文件夹中的图片 S06.jpg 插入 6-4.htm 中，设置图片属性高 400px、宽 300px，并设置【拖动 AP 元素】行为，如图 6.70 所示。

图 6.70 插入图片

（9）设置触发行为为 onLoad，表示当页面完成载入后触发该行为，用鼠标可以任意拖动层。

本 章 小 结

本章主要学习了有关行为的知识，介绍了行为的基本概念和使用 Dreamweaver CS4 内置行为的方法。行为的使用一定要简洁，在同一页面中不能过多使用，否则容易造成代码混乱，影响页面显示效果。本章最后介绍了 Dreamweaver CS4 的 3 个新功能，对于熟悉 JavaScript 和 HTML 的读者，可以在【代码】视图下对定义的函数和引用代码进行修改，以提高网页的效率。

课 后 习 题

一、选择题

1. 在 Dreamweaver CS4 中，（　　）不是行为的事件类型。

A. 鼠标双击

B. 当浏览器发生跳转时

C. 修改表单样式的初始值

D. 按键盘上的键时

2. 在 Dreamweaver CS4 中，（　　）可以制作拼图游戏。

A. 拖动 AP 元素行为

B. 检查插件行为

C. 交换图像行为

D. 显示-隐藏元素行为

二、填空题

1. onMouseMove 是＿＿＿＿＿＿触发事件，onMouseOver 是＿＿＿＿＿＿触发事件。

2. 设置状态栏文本行为可以实现的效果是＿＿＿＿＿＿＿＿＿＿＿＿＿＿＿＿。

第 7 章 制作交互式表单

教学提示： 表单（Form）是指将用户信息发给服务器的样式。常见的登录页面或者公告栏都是使用了表单的文档。表单文档不能单独使用，而是需要与 ASP、PHP、JSP 等网页编程语言一起使用，才能发挥自己的功能。

教学内容： 本章将介绍创建和应用动态表单的方法。

7.1 表 单 概 述

7.1.1 表单对象

表单是网站管理者与浏览者之间沟通的桥梁，是用户可以在网页的表单中填写信息的表格，它将用户信息收集起来并提交给 Web 服务器上特定的程序进行处理。表单由表单对象和应用程序两个基本组件组成。其中表单对象就是 HTML 源代码，起描述作用；应用程序是服务器和客户端的交互，通过它们实现对用户信息的处理，不使用处理脚本或应用程序就不能收集表单数据。

在 Dreamweaver 中，表单输入类型称为表单对象。表单对象包括文本域、复选框和单选按钮等。要创建表单对象，可以在【插入记录】→【表单】中创建，也可以在【插入】面板的【表单】类别中创建，如图 7.1 所示。

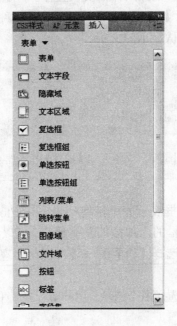

图 7.1 【表单】类别

1．文本域

文本区域可接受字母、数字、文本等类型的输入内容，可用于输入 ID 或者密码等文本，可以在用户登录站点时使用。文本可以单行或多行显示，如果想避免旁观者看到输入的文本，还可以以密码域的方式显示，此时输入文本被替换为星号或项目符号，如图 7.2 所示。

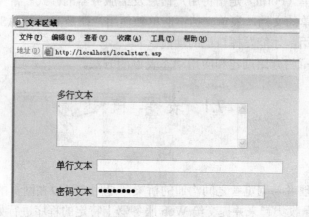

图 7.2　3 种文本区域

文本区域的创建方法如下。

（1）在【设计】视图中单击【插入】面板中的【表单】类别，切换到【表单】面板。

（2）单击【文本区域】按钮 ，插入文本区域。

（3）在【属性】检查器中设置文本区域属性，如图 7.3 所示。单击表单轮廓将其选定，在【文本域】文本框中输入 ID，根据具体需要设置【字符宽度】和允许字符最大【行数】。【类型】单选按钮可设置【单行】、【多行】和【密码】3 种文本域类型。在【初始值】文本框中可输入在文本区域中默认显示的文字。

图 7.3　文本区域【属性】检查器

技巧

　　　　红色矩形框表示表单标签<form>～</form>，它表示表单的开始和终止。在红色边框的内部插入表单元素，可以执行表单元素。如果看不见这个轮廓线，请选择【查看】→【可视化助理】→【不可见元素】命令。

2．复选框

复选框允许在一组选项中选择多个选项。用户可以选择任意多个适用的选项，如图 7.4 所示。

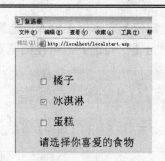

图 7.4 复选框

复选框的创建方法如下。

（1）在【设计】视图中单击【插入】面板中的【表单】类别，切换到【表单】面板。

（2）单击【复选框】按钮 ，即插入了一个复选框对象。要插入多个复选框对象只需重复此步骤即可。

（3）在【属性】检查器中设置复选框属性，如图 7.5 所示。在【复选框名称】文本框中输入复选框名称，在【选定值】文本框中输入所选择的复选框传到服务器的值。若将【初始状态】单选按钮组设为【已勾选】，可在浏览器中默认显示为选中状态。

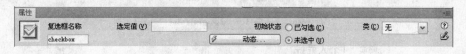

图 7.5 复选框【属性】检查器

（4）设置完毕保存文档后，需转到浏览器中，确认是否可选择多个复选框。

3. 单选按钮

单选按钮代表互相排斥的选择，即多个选项中只能选择一项。选择一组中的某个按钮，就会取消选择该组中的所有其他按钮。例如，用户可以选择"是"或"否"，如图 7.6 所示。

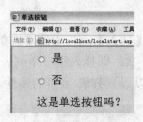

图 7.6 单选按钮

单选按钮的创建方法如下。

（1）在【设计】视图中单击【插入】面板中的【表单】类别，切换到【表单】面板。

（2）单击【单选按钮】按钮 ，即插入了一个单选按钮对象。要插入多个单选按钮对象只需重复此步骤即可。

（3）在【属性】检查器中设置单选按钮属性，如图 7.7 所示。在【单选按钮】文本框中输入单选按钮的名称，在【选定值】文本框中输入所选择的单选按钮传到服务器的值。若将【初始状态】单选按钮组设为【已勾选】，可在浏览器中默认显示为选中状态。

图 7.7　单选按钮【属性】检查器

技巧

　　还可以单击【复选框组】按钮来创建复选框对象，多个单选按钮可以用【单选按钮组】来创建。

4．列表/菜单

【列表】选项在一个滚动列表中显示选项值，用户可以从滚动列表中选择一个或多个选项。【菜单】选项在一个菜单中显示选项，用户只能选择一个菜单选项，如图 7.8 所示。

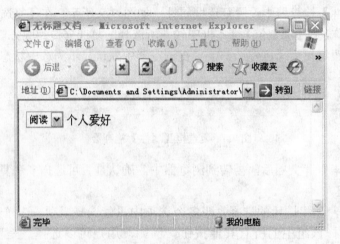

图 7.8　列表/菜单

列表/菜单的创建方法如下。

（1）在【设计】视图中单击【插入】面板中的【表单】类别，切换到【表单】面板。

（2）单击【列表/菜单】按钮，即插入了一个列表/菜单对象。

（3）在【属性】检查器中可以设置列表/菜单的属性，如图 7.9 所示。

图 7.9　列表菜单【属性】面板

- 【列表/菜单】文本框：设置所选列表的唯一名称，默认为 select。
- 【类】：选择表单是一列可滚动的列表还是单击产生下拉菜单的显示形式。

（4）单击【列表值】按钮，弹出【列表值】对话框，如图 7.10 所示。在【项目标签】栏内输入每个选项所显示的文本，【值】栏内设置选项的值。单击【添加】按钮，可为列表添加一个新选项，单击【删除】按钮可删除列表框里被选中的选项。

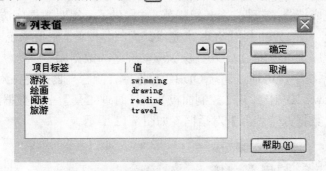

图 7.10　【列表值】对话框

（5）单击【确定】按钮，在【属性】面板中设置【初始化时选定】列表框，可以选择该列表在浏览器里显示的初始值，如图 7.11 所示。

图 7.11　【初始化时选定】对话框

7.1.2　动态表单对象

动态表单可以简化站点维护工作。例如，可以使用 HTML 表单菜单使用户跳转到该站点的其他区域。动态表单对象的初始状态由服务器在页面被从服务器中请求时确定，而不是由表单设计者在设计时确定。列表/菜单是常见的动态表单对象，还可以创建和使用动态单选按钮、复选框、文本域和图像域等。

7.2　创建动态网页环境

7.2.1　ASP 访问数据库方法

数据库是构建动态网页的基本要素，是用来存储、管理和获取网站用户信息的载体。本书采用简单易用的 Access 数据库，该数据库适合个人网站。本节使用素材 student.mdb。

ASP 程序通过 ODBC（Open Database Connectivity，开放数据库互联）接口或者 ADO（ActiveX Data Objects）组件来访问数据库。ASP 访问数据库的过程为浏览器端向网页服务器提出 ASP 页面文件请求，服务器将该页面交由 ASP.DLL 文件进行解释，并在服务器端运行，完成对数据库的操作，再将数据库操作的结果生成动态网页返回给浏览器。

7.2.2　创建 ODBC 连接

ODBC 是微软公司开放服务结构（Windows Open Services Architecture，WOSA）中有关数据库的一个组成部分。它建立了一组规范，并提供了一组对数据库访问的标准 API（应用程序编程接口），这些 API 利用 SQL 来完成其大部分任务。只要系统中有相应的 ODBC 驱动程序，任何程序都可以通过 ODBC 操纵驱动程序的数据库。

在 Windows 系统中，可通过连接 ODBC 数据库资源管理器来完成对 ODBC 的连接。

（1）在 Windows XP 中打开【控制面板】→【管理工具】→【数据源（ODBC）】命令，打开【ODBC 数据源管理器】对话框，如图 7.12 所示。

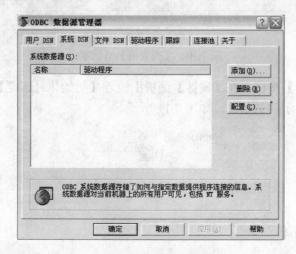

图 7.12　【ODBC 数据源管理器】对话框

（2）选择【系统 DSN】面板，单击【添加】按钮，在弹出的【创建新数据源】对话框中选择数据类型。若是，Access 2007 版本以前的数据库软件，可在列表中选择【Microsoft Access Driver（*.mdb）】，Access 2007 版选择【Microsoft Access Driver（*.mdb，*.accdb）】，单击【完成】按钮，如图 7.13 所示。

图 7.13　【创建新数据源】对话框

（3）在【ODBC 数据源管理器】的【系统 DSN】面板中单击【配置】按钮，弹出【ODBC Microsoft Access 安装】对话框，在【数据源名】文本框中输入数据源名称 dreamweavercs4。

（4）单击【ODBC Microsoft Access 安装】对话框中的【选择】按钮，弹出【选择数据库】对话框，选取网站所需使用的 Access 数据库文件 student.mdb，如图 7.14 所示。

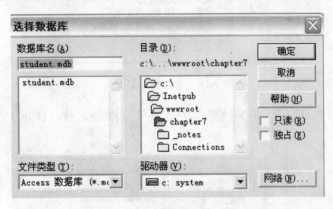

图 7.14　【选择数据库】对话框

（5）选取数据库路径和名称后单击【确定】按钮，则在【ODBC Microsoft Access 安装】对话框中新增了一个 ODBC 数据源，如图 7.15 所示。单击【确定】按钮，则在【系统 DSN】面板中建立了名称为 "dreamweavercs4" 的数据库连接。

图 7.15　【ODBC Microsoft Access 安装】对话框

7.2.3　建立数据库连接

ASP 服务器需要与 ODBC 驱动程序和 OLE DB（对象连接与嵌入数据库）提供程序连接到数据库。如果 Web 服务器和 Dreamweaver CS4 都在同一个 Windows 系统上运行，那么就可以使用系统 DSN（Data Source Name，数据源名称）创建数据库连接。

（1）建立站点 chapter7（建站方法参见第 1 章），并新建一个 APS VBScript 的网页，命名为 test.asp，用来调用数据库数据。

（2）在 Dreamweaver CS 中，选择【窗口】→【数据库】命令，打开【数据库】面板，如图 7.16 所示。

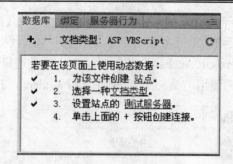

图 7.16　【数据库】面板

（3）单击加号按钮 ✛，在下拉菜单中选择【数据源名称（DSN）】项，如图 7.17 所示。

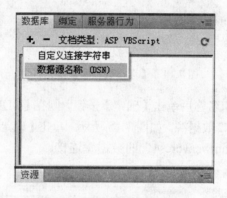

图 7.17　选择数据库连接方式

（4）弹出【数据源名称（DSN）】对话框，在【连接名称】文本框内输入字符串 conn 前缀作为连接名，以便与其他对象名称相区分。

（5）在【数据源名称（DSN）】下拉列表中选择所需 DSN，如图 7.18 所示。也可以用【定义】按钮重新打开【ODBC 数据源管理器】，按前面介绍的方法定义一个新的 DSN。如果数据库设置了用户名和密码，还需要在对话框中设置【用户名】和【密码】。

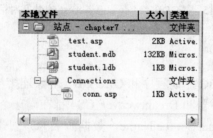

图 7.18　【数据源名称】下拉列表

（6）单击【测试】按钮，如果弹出成功创建连接脚本的提示框，说明已经成功建立了与数据库之间的连接，如图 7.19 所示。

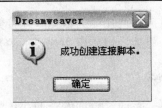

图 7.19　提示对话框

（7）单击【确定】按钮关闭【数据源名称（DSN）】对话框，在【数据库】面板中出现了新的数据库连接，如图 7.20 所示。

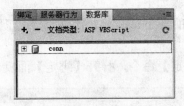

图 7.20　【数据库】面板

7.2.4　查看数据库连接源代码

使用 Dreamweaver CS4 建立数据库连接，系统在站点根目录下会自动生成一个 Connection 目录，该目录用来存放用户定义的数据库连接文件，如图 7.21 所示。

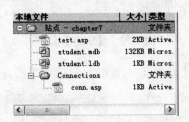

图 7.21　【站点】目录

数据库连接文件的名称就是数据库连接时定义的名称，如 conn.asp，打开该文件可以看到数据库连接的源代码：

```
<%
' FileName="Connection_odbc_conn_dsn.htm"
' Type="ADO"
' DesigntimeType="ADO"
' HTTP="false"
' Catalog=""
' Schema=""
Dim MM_conn_STRING
MM_conn_STRING = "dsn=dreamwavercs4;"
%>
```

　　通过该源代码可以发现，数据库连接即为数据库连接变量提供了数据库驱动程序和数据库路径，用户可以基于此进行修改，以实现更加灵活的数据库连接操作。

7.2.5　绑定记录集（Recordset）

　　记录集是数据库操作的对象，是通过数据库查询并从数据库中提取的一个数据子集。如果要把数据库的数据添加到网页上，首先需要定义记录集。当把数据绑定到网页上时，绑定的是记录集的中的数据，而不是数据库中的数据。定义简单记录集一般不需编写 SQL 语言。

　　绑定简单记录集的操作步骤如下。

　　（1）打开要插入动态数据的页面 test.asp，该页面指定了服务器技术，并为其所在站点建立了数据库连接。

　　（2）选择【窗口】→【绑定】命令，打开【绑定】面板，如图 7.22 所示。

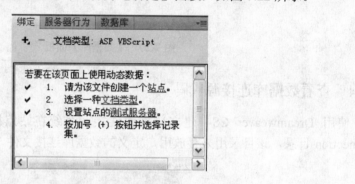

图 7.22　【绑定】面板

　　（3）单击 ➕ 按钮，选择【记录集（查询）】项菜单命令，如图 7.23 所示。

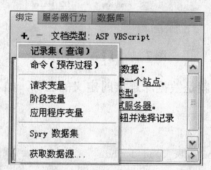

图 7.23　选择【记录集（查询）】菜单命令

　　（4）系统弹出【记录集】对话框，在【名称】文本框中填入记录集的名称 rsStudent。记录集的名称一般加前缀 rs，以便与其他对象名称区别开来。记录集的名称不能使用空格或特殊字符，如图 7.24 所示。

图 7.24　【记录集】对话框

● 【连接】下拉列表：在列表中选择一个已建好的数据库连接【conn】，如果列表中没有可用的连接，可单击【定义】按钮重复前面介绍的方法建立新的连接。

● 【列】选项：如果用户要使用表中的所有字段作为一个记录集，可以选中【全部】单选按钮，否则选择【选定的】单选按钮，然后在下面的文本框中选择需要的字段。

● 【筛选】选项：用于设置所需字段筛选，只有符合过滤条件的记录值才会出现在记录集中。

● 【排序】选项：可以按升序或降序排列记录集的显示顺序。

（5）设置好【记录集】对话框后，单击【测试】按钮测试记录集定义是否正确，如果正确会显示如图 7.25 所示的记录集。

图 7.25　【测试 SQL 指令】面板

（6）单击【确定】按钮，在【绑定】面板中会出现已绑定的记录集，如图 7.26 所示。

图 7.26　【绑定】面板中的记录集

7.3　创建动态表单对象

7.3.1　插入或更改动态表单菜单

数据库中的项可以动态地填充到动态网页的表单菜单或列表菜单中。大多数页面可使用 HTML 菜单对象。

练习文件
　　第 7 章\ch7\cha7.asp

（1）在磁盘 D 中建立一个目录 ch7，将其设为网站的 IIS 虚拟目录，将数据库 grade.mdb 存放在该目录下。

（2）在 Dreamweaver CS4 中建立一个站点，名为 ch7，并在此站点中建立一个 ASP VBScript 的页面 cha7.asp。

（3）按 7.2 节介绍的方法添加系统 DSN 为 grade，数据库连接名为 conn，绑定数据集 rsGrade，站点目录如图 7.27 所示。

图 7.27　ch7 站点目录

（4）在【设计】视图的单元格中输入文本"学生姓名"，选择【插入】→【表单】→【列表/菜单】命令来插入表单对象，如图 7.28 所示。

图 7.28　插入【列表/菜单】表单

（5）选择新建的【列表/菜单】表单对象，然后单击【属性】检查器中的【动态】按钮 
，如图 7.29 所示。

图 7.29 【属性】面板

或者选择【插入】→【数据对象】→【动态数据】下的相应命令，如图 7.30 所示。

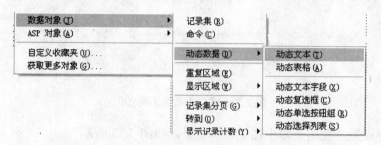

图 7.30 【动态数据】命令菜单

（6）系统弹出【动态列表/菜单】对话框，完成【动态列表/菜单】对话框的设置，然
后单击【确定】按钮，如图 7.31 所示。

图 7.31 【动态列表/菜单】对话框

在【来自记录集的选项】下拉菜单中选择要用做内容源的记录集，此处选取【rsGrade】。

在【静态选项】区域输入列表或菜单中的默认项。

可使用加号和减号按钮添加和删除列表中的项。项的顺序与【初始列表值】对话框中
的顺序相同。

在【值】下拉菜单中选择包含菜单项值的域，此处选择【名字】。

在【标签】下拉菜单中选择包含菜单项标签文字的域，此处选择【名字】。

在【选取值等于】框中输入一个值，该值等于某个处于被选中状态的特定菜单项的值，

或单击文本框后的【绑定到动态源】按钮 ，在弹出【动态数据】对话框的【域】中选择
【名字】项，如图 7.32 所示。

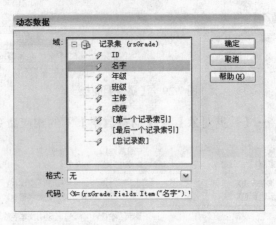

图 7.32　【动态数据】对话框

（7）保存设置，在浏览器中预览表单效果，如图 7.33 所示。

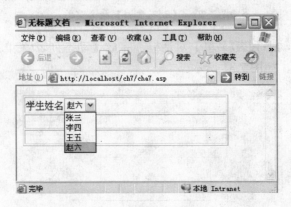

图 7.33　动态【列表/菜单】效果

如果在网页上已有动态表单，需要修改属性，则只需重复步骤（5）～（7）即可。

> **注意**
>
> 　　在开始之前，必须在 ColdFusion、PHP、ASP 或 JSP 页中插入一个 HTML
> 表单，而且必须为该菜单定义记录集或其他动态内容源。
> 　　对于 ASP.NET 页面，必须使用【下拉列表】或【列表框】表单对象。

7.3.2　使现有 HTML 表单菜单成为动态对象

Dreamwaver CS4 可以将现有的表单菜单或者列表菜单转换成为动态对象。

（1）在【设计】视图中，选择要使之成为动态对象的列表/菜单表单对象。

（2）在【属性】检查器中，单击【动态】按钮 ，弹出【动态列表/
菜单】对话框，或者选择【插入】→【数据对象】→【动态数据】下的相应命令，如图 7.34
所示。

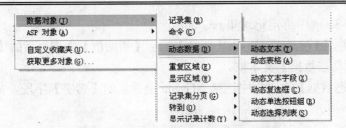

图 7.34 【动态数据】菜单命令

（3）弹出【动态列表/菜单】对话框，完成【动态列表/菜单】对话框设置，然后单击【确定】按钮，如图 7.35 所示。

图 7.35 【动态列表/菜单】对话框

7.3.3 在文本域中显示动态内容

当在浏览器中查看 HTML 表单时，可以在该文本域中添加动态对象，使它显示动态内容。

练习文件
第 7 章\ch7\cha7-3.asp

（1）在站点 ch7 中建立一个 ASP VBScript 的页面 cha7-3.asp，在页面中插入单行文本框，如图 7.36 所示。

图 7.36 插入文本框

（2）在 cha7-3.asp 中绑定记录集 rsGrade。

（3）选中【姓名】文本框，单击【属性】面板【初始值】文本框后的【绑定到动态源】按钮 ，弹出【动态数据】文本框。

（4）在【动态数据】文本框中选择 rsGrade 记录集的【名字】字段，如图 7.37 所示。

图 7.37　【动态数据】文本框

（5）在【属性】面板的【初始值】文本框中插入代码"<%=（rsGrade.Fields.Item（"名字"）.Value）%>"，如图 7.38 所示。

图 7.38　为文本框绑定数据源

（6）用同样的方法绑定其他文本框的数据源，如图 7.39 所示。

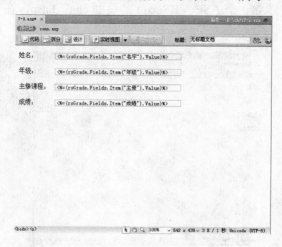

图 7.39　绑定数据到文本框

（7）保存文档，浏览页面效果，如图 7.40 所示。

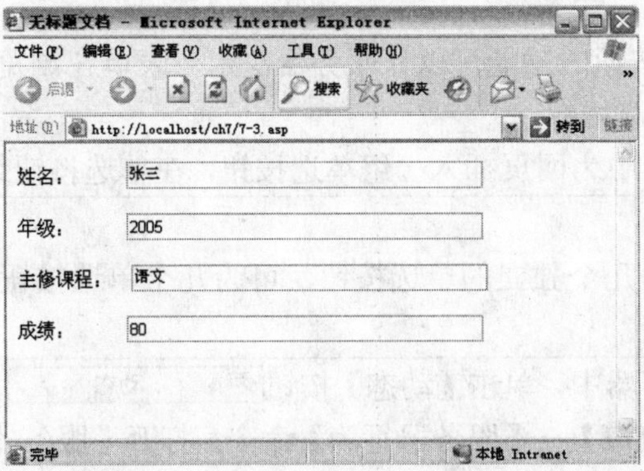

图 7.40　预览动态文本框效果

7.3.4　动态预先选择复选框

复选框的作用是实现多选，反映表单的校验结果。当浏览器中显示一个表单时，服务器可以预先决定是否选中一个复选框。

（1）在页面上选择一个复选框表单对象。

（2）在【属性】检查器中，单击【动态】按钮，弹出【动态复选框】对话框。也可以选择【窗口】→【服务器行为】命令，打开【服务器行为】面板，单击【服务器行为】面板中的加号按钮，在弹出的下拉菜单中选择【动态表单元素】→【动态复选框】命令，如图 7.41 所示。

图 7.41　【动态复选框】对话框

（3）设置完成【动态复选框】对话框后，单击【确定】按钮。

单击【选取，如果】框旁边的【绑定到动态源】按钮，可从【动态数据】对话框中的数据源列表中选择一个变量或一个字段。

在【等于】框中，输入要使复选框显示为选中状态时该域必须具有的值。

当在浏览器中查看该表单时，该复选框将显示为选中或未选中状态，这具体取决于数据。一般数据源都是布尔型的数据。例如，若要使记录中的特定域的值为"Yes"且该复选框为选中状态，则在【等于】框中输入"Yes"。

7.3.5 动态预先选择单选按钮

动态预先选择单选按钮的功能可以让服务器决定当表单在浏览器中显示时，是否预先动态选中一个 HTML 单选按钮。

（1）在【设计】视图中为网页插入一组单选按钮，在单选按钮组中选择一个单选按钮。

技巧

如果是几个独立的单选按钮，可为几个单选按钮取同样的名字，使之成为一组。

（2）在【属性】检查器中，单击【动态】按钮 ，出现【动态单选按钮】对话框。也可以选择【窗口】→【服务器行为】命令，打开【服务器行为】面板，单击【服务器行为】面板中的加号按钮 ➕，在弹出的下拉菜单中选择【动态表单元素】→【动态单选按钮】命令，如图 7.42 所示。

图 7.42　【动态单选按钮】对话框

（3）完成对话框设置，然后单击【确定】按钮。

在【单选按钮组】下拉菜单中，选择页面中的表单和单选按钮组。在【单选按钮值】框中将显示出该组内所有单选按钮的值。

从值列表中选择要动态预先选中的值，该值将显示在【值】框中。

单击【选取值等于】框旁边的【绑定到动态源】按钮 📎，打开【动态数据】对话框的数据源列表，然后选择所需的记录集，则该记录集所包含的值与该组单选按钮可能选定的值相匹配。

技巧

开始前必须为复选框或单选按钮定义记录集或其他包含布尔数据的动态内容源，如 Yes/No 或 true/false。

可以在每个单选按钮的【属性】检查器中查看单选按钮的选定值。

7.3.6 验证 HTML 表单数据

为确保在指定的文本区域内输入正确的数据类型，可使用 HTML 表单数据验证功能。添加 JavaScript 代码来检查某一文本域中的内容，可防止表单提交到服务器后指定的文本

域包含无效的数据。需要注意的是，只有在文档中已插入了文本域的情况下，才可以使用
【验证表单】行为。

练习文件
第 7 章\ch7\cha7-6.asp

（1）在站点 ch7 中建立一个 ASP VBScript 的页面 cha7-6.asp，在页面中插入表单，要
求至少包含一个文本域和一个【提交】按钮，并且要验证的文本域具有唯一的名称，如
图 7.43 所示。

图 7.43　创建表单

（2）选中【提交】按钮。

（3）选择【窗口】→【行为】命令，弹出【行为】面板，单击加号按钮，然后从列
表中选择【检查表单】行为，弹出【检查表单】对话框，如图 7.44 所示。

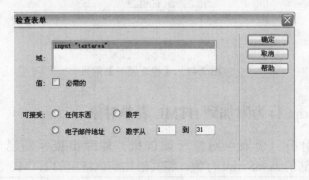

图 7.44　【检查表单】对话框

（4）设置文本域的验证规则，指定输入月份的文本域 textarea 内只接受 1～12 的数字，
输入日期的文本域 textarea2 内只接受 1～31 的数字，然后单击【确定】按钮，如图 7.45
所示。

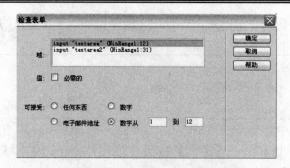

图 7.45　设置【检查表单】对话框

（5）添加行为，当事件为 onClick 时，检验表单，如图 7.46 所示。

图 7.46　添加行为

（6）保存页面，查看验证表单效果，如图 7.47 所示。

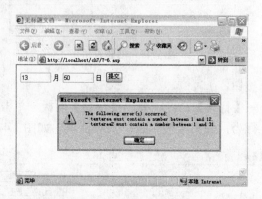

图 7.47　【检查表单】效果

7.3.7　将 JavaScript 行为附加到 HTML 表单对象

如果想实现单击一个表单对象（如按钮）即弹出提示信息的功能，可以使用 Dreamweaver 中存储的 JavaScript 行为，将其附加到该特定的 HTML 表单对象上。

练习文件
第 7 章\ch7\cha7-7.asp

（1）在站点 ch7 中建立一个 ASP VBScript 的页面 cha7-7.asp，在页面中单击【插入】→【表单】→【单选按钮组】命令，插入一个由 4 个单选按钮组成的单选按钮组，如图 7.48

所示。

图 7.48　【插入】面板

（2）在弹出的【单选按钮组】对话框中，设置各标签的属性，如图 7.49 所示。

图 7.49　【单选按钮组】对话框

（3）选中添加行为的单选按钮，执行【窗口】→【行为】命令，打开【行为】面板，单击【行为】面板列表框上面的 + 按钮添加行为，选择【弹出信息】命令，弹出【弹出信息】对话框，在文本框内添加自定义的提示信息，如图 7.50 所示。

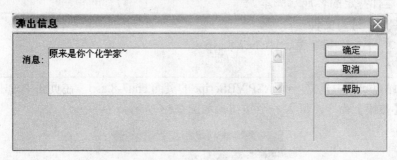

图 7.50　【弹出信息】对话框

（4）添加行为，当事件为 onClick 时，弹出提示信息，如图 7.51 所示。

图 7.51　添加行为

（5）保存页面，查看弹出信息效果，如图 7.52 所示。

图 7.52　弹出信息效果

注意

　　由于 ASP.NET 表单对象的功能实现是在服务器上进行处理的，因此 JavaScript 行为不能附加到 ASP.NET 表单对象上，若要验证 ASP.NET 表单，需在【代码】视图中插入 ASP.NET 验证控件。

7.3.8　将自定义脚本附加到 HTML 表单

有些表单使用 JavaScript 或 VBScript 在客户端执行表单处理或其他操作。使用 Dreamweaver 配置表单按钮时，用户可使用【行为】指定一个自定义的功能，以便当发生某个事件时运行特定的客户端脚本。

练习文件

　　第 7 章\ch7\cha7-8.asp

（1）在站点 ch7 中建立一个 ASP VBScript 的页面 cha7-8.asp，在页面中单击【插入】→【表单】→【按钮】命令，插入一个按钮，如图 7.53 所示。

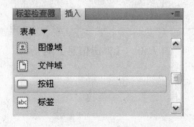

图 7.53　插入【按钮】选项

（2）选中该按钮，在【属性】面板中修改其属性，将【值】改为"关闭当前页面"，如图 7.54 所示。

图 7.54　按钮【属性】面板

（3）选中该按钮，执行【窗口】→【行为】命令，打开【行为】面板，单击【行为】面板列表框上面的 ➕ 按钮添加行为，选择【调用 JavaScript】命令，如图 7.55 所示。

图 7.55　【调用 JavaScript】命令

（4）弹出【调用 JavaScript】对话框，在对话框中输入"window.close()"，如图 7.56 所示。

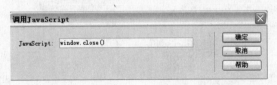

图 7.56　【调用 JavaScript】对话框

（5）单击【确定】按钮，添加到行为面板，将事件设置为 onClick，如图 7.57 所示。

图 7.57　添加行为

（6）保存文档，在浏览器中预览，单击按钮关闭当前页面。

7.4　综合训练

练习文件
第 7 章\ch7\students.asp

7.4.1　特色说明

下面将前面介绍的知识结合起来制作一个实例，利用数据库的强大功能，实现动态数据的交互，演示当在下拉列表中选择某个学生的姓名后，页面会立即显示该学生的班级和成绩等信息。

7.4.2　具体步骤

（1）以 student.mdb 为数据库操作对象，在站点中建立一个页面 students.asp。

（2）设计思路。把数据库中学生名字绑定到下拉列表中，在<select>中添加 JavaScript 脚本（onChange="javascript:form1.submit();"），此脚本在选择下拉列表后会自动提交表单数据。服务器利用 Request.Form("name")方法获取用户选择的学生 ID 号，并将此信息作为筛选条件，在 rsStudents 中筛选符合条件的记录，最后将查询到的 rsStudents 记录集绑定到页面中。

（3）为 students.asp 页面定义两个记录集，分别是 rsStudents 和 rsStudents1。在记录集 rsStudents 中设置筛选条件 ID 字段值等于表单变量 name 值，如图 7.58 所示。用记录集 rsStudents1 查询选定的【ID】和【名字】两个字段，如图 7.59 所示。

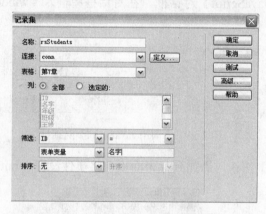

图 7.58　定义 rsStudents 记录集

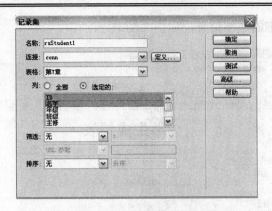

图 7.59　定义 rsStudent1 记录集

（4）选中下拉列表 name，绑定记录集 rsStudents1，在【值】中选择 ID，【标签】选择【名字】,【选取值等于】选择记录集 rsStudents 中的 ID 域，如图 7.60 所示。

图 7.60　【动态列表/菜单】对话框

（5）将 rsStudents 记录集中的字段绑定到页面中的不同位置，如图 7.61 所示。

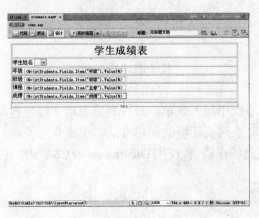

图 7.61　绑定 rsStudents 记录集

（6）保存文件，预览效果如图 7.62 所示。在下拉列表中选择不同学生的名字时，页面中会显示出该学生详细的成绩信息，如图 7.63 所示。

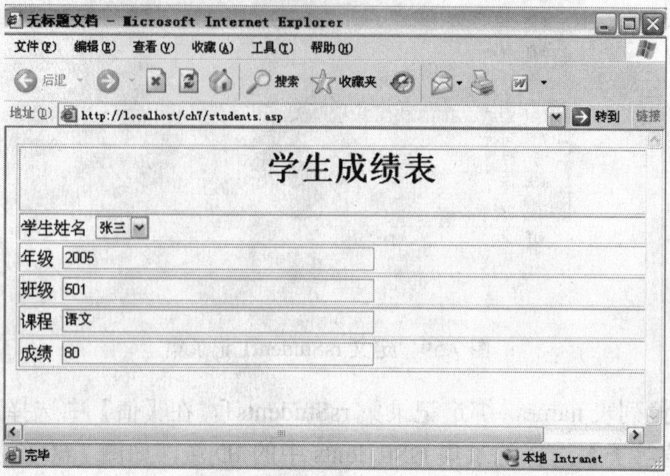

图 7.62　预览效果

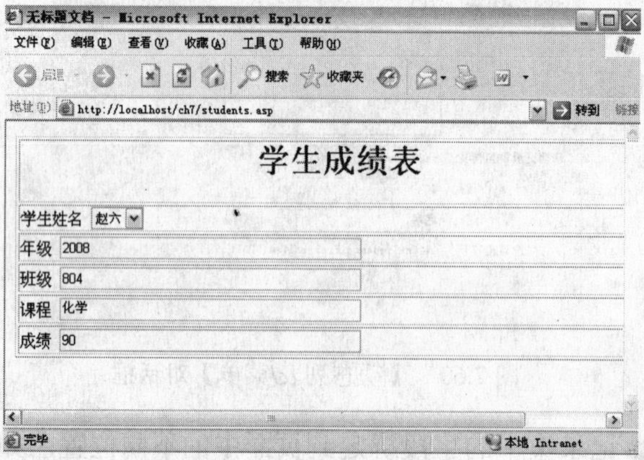

图 7.63　选择下拉列表后效果

本 章 小 结

本章介绍了如何在页面中插入表单，只有利用表单才能使客户端与服务器端实现信息的交互，还概括介绍了动态网页环境的创建方法，重点介绍了动态表单在网页中的使用方法如果能熟悉 ASP 环境及编程语言，使用 Dreamweaver CS4 制作动态表单将更加灵活自如。

课 后 习 题

一、填空题

1. 表单由_____ 和 _____两部分组成。

2. 文本域的类型包括＿＿＿＿＿＿＿ 、 ＿＿＿＿＿＿＿ 和 ＿＿＿＿＿＿＿ 3 种类型。

二、选择题

1. 关于验证 HTML 表单数据说法错误的是（　　）。

A. 表单验证可以验证任何类型的表单

B. 表单验证可以验证表单内容填写是否符合规范

C. 表单验证是在浏览器端进行的

D. 表单验证可以减少服务器处理错误数据的负担

第8章 开发动态网站

教学示提：本章主要介绍动态网站、动态网页语言、安装和配置 Web 服务器及网站数据库基础知识。

教学内容：动态网站与静态网站的作用、关系及区别；安装和配置 Web 服务器的基本步骤与方法；网站数据库基础知识及使用。

8.1 动态网站简介

动态网站和静态网站在外观上是看不出有什么区别的，静态网页也可以有各种动画、滚动字幕等动态效果，而动态网页也完全可以是纯文本的内容，不一定非要有动画和滚动字幕。因此要判断网站是动态的还是静态的，不是看网页会不会动，而是要看它是否应用了建立在浏览器/服务器架构上的服务器端脚本程序。

8.1.1 静态网页和动态网页

程序是否在服务器端运行，是判断该网页是动态的还是静态的重要标志。一般而言，在服务器端运行的程序、网页和组件，属于动态网页。它们会随不同客户、不同时间，返回不同的网页结果，如 ASP、JSP、ASP.NET、PHP、CGI 等。运行于客户端的程序、网页、插件和组件，属于静态网页，如 HTML 页、Flash、JavaScript、VBScript 等，它们是永远不变的。

静态网页和动态网页各有特点，网站采用动态网页还是静态网页主要取决于网站的功能需求和网站内容的多少。若网站功能比较简单，内容更新量不是很大，采用纯静态网页的方式则会更简单，反之则一般要采用动态网页技术来实现。

静态网页是网站建设的基础，静态网页和动态网页之间互不矛盾，为了网站适应搜索引擎检索的需要，即使采用动态网站制作技术，程序开发者也同样可以将网页内容转化为静态网页发布。

动态网站也可以采用动、静结合的原则。适合采用动态网页的地方用动态网页开发技术，需要使用静态网页的地方，也可以用静态网页的方法来实现该页面。

动态网页的特点如下。

（1）动态网页多以数据库技术为基础，可以大大降低网站维护的工作量，但访问速度相对较慢。

（2）采用动态网页技术的网站可以实现更多的功能，如用户注册、用户登录、信息发布、在线调查、用户管理和订单管理等。

（3）动态网页并不是独立存在于服务器上的网页文件，只有当用户发送请求时服务器经过处理才返回的一个完整网页。

（4）动态网页中的"？"对搜索引擎检索存在一定的问题，搜索引擎一般不可能从一个网站的数据库中访问全部网页，或者出于技术方面的考虑，搜索引擎不去抓取网址中"？"后面的内容，因此采用动态网页的网站在进行搜索引擎推广时需要做一定的技术处理才能适应搜索引擎的要求。

（5）动态网页中通常包含有服务器端脚本，所以页面文件名常以 asp、aspx、jsp 和 php 等为后缀。

8.1.2　动态网页设计语言

1．ASP 技术

ASP 是 Active Server Page（动态服务器页面）的缩写，它是一个服务器端的脚本环境。在站点的 Web 服务器上解释脚本，可产生并执行动态、交互式、高效率的站点服务器应用程序。ASP 可以胜任基于微软 Web 服务器的各种动态数据发布。

ASP 的特点与功能如下。

（1）无需编译。ASP 脚本集成于 HTML 当中，容易生成，无需编译或链接即可直接解释执行。

（2）易于生成 。使用任意文本编辑器（如记事本）即可进行 ASP 页面的设计。

（3）独立于浏览器。客户端只要使用可解释常规 HTML 码的浏览器，即可浏览 ASP 所设计的主页。ASP 脚本是在服务器端执行的，无需客户端浏览器支持。换句话说就是如果不通过从服务器下载来观察 ASP 页面，那么客户端是看不到正确结果的。

（4）面向对象。在 ASP 脚本中可以方便地引用系统组件和 ASP 的内置组件，也可以通过定制 ActiveX Server Component（ActiveX 服务器组件）来扩充功能。

（5）与任何 ActiveX Scripting 语言兼容。除了可使用 VBScript 和 JScript 语言进行设计外，还可通过 Plug-in 的方式，使用由第三方所提供的其他 Scripting 语言。

（6）扩充功能的能力强。可通过使用 Visual Basic、Java、Visual C++ 等多种程序语言制作 ActiveX Server Component 以满足自己的特殊需要。

（7）源程序码不易外漏。ASP 脚本在服务器上执行，传到用户浏览器的只是 ASP 执行结果所生成的常规 HTML 码，这样可保证辛辛苦苦编写出来的程序代码不会被他人盗取。

2．PHP 技术

PHP 是 Hypertext Pre-Processor（超文本预处理器）的缩写，它是一种服务器端的 HTML 脚本/编程语言。

PHP 语言特点如下。

（1）免费、轻巧快速、跨平台。

（2）完全遵守 GNU 条约。根据此条约，所有用户都可以免费使用 PHP，并可以得到它的源代码，还可以在源代码上进行修改和完善，开发成适合自己使用的新的版本。当然这个新形成的版本同样是遵守 GNU 的。这就意味着全世界成千上万的程序员都在不断地完善和加强 PHP 的功能，这也是 PHP 能够迅速发展的根本原因。

（3）易学易用。因为 PHP 3.0 以上版本是用 C 实现的，而且它自身的语法风格同 C 极其相似，有许多的语句、函数 PHP 与 C 是完全相同的，而 C 语言的普及性是不容置疑的，因此 PHP 对于程序员而言非常容易上手。

（4）强大的数据库操作功能。PHP 可直接连接多种数据库，并完全支持 ODBC。PHP 支持的数据库包括常用的 Oracle，MsSQL，MySQL，Sybase，dBASE 和 Informix 等。

（5）PHP 可以嵌入 HTML 中。开发人员可以把代码混合到 HTML 中。

3. JSP 技术

JSP（Java Server Page）是由 Sun Microsystems 公司倡导、多家公司参与，一起建立的一种动态网页技术标准。使用 JSP 技术研发的 Web 应用是跨平台的，可以在多种操作系统上运行，如 Windows、Linux、UNIX 等。自 JSP 推出后，众多大公司都支持 JSP 技术的服务器，如 IBM、Oracle、Bea 公司等，因此 JSP 迅速成长为商业应用的服务器端语言。

JSP 技术特点如下。

（1）将内容的生成和显示进行分离。使用 JSP 技术，Web 页面开发人员可以使用 HTML 或 XML 标识来设计和格式化最终页面，利用 JSP 标识或小脚本来生成页面上的动态内容，其内容的逻辑被封装在标识和 JavaBeans 组件当中，所有的脚本都在服务器端运行。如果核心逻辑被封装在标识和 Beans 中，那么其他人（如 Web 管理人员和页面设计者）能够编辑和使用 JSP 页面，而不影响内容的生成。

在服务器端，JSP 引擎解释 JSP 标识和小脚本，生成所请求的内容（如通过访问 JavaBeans 组件，使用 JDBCTM 技术访问数据库，或者包含文件），并且将结果以 HTML（或者 XML）页面的形式发送回浏览器。这有助于作者既保护了自己的代码，又保证了任何基于 HTML 的 Web 浏览器的完全可用性。

（2）强调可重用的组件。绝大多数 JSP 页面依赖于可重用的，跨平台的组件（JavaBeans 或 Enterprise JavaBeans 组件）来执行应用程序所要求的更为复杂的处理。开发人员能够共享和交换执行普通操作的组件，或者使得这些组件被更多的使用者或客户团体所使用。基于组件的方法加速了总体开发过程，并且使得各种组织在他们现有的技能和优化结果的开发努力中得到平衡。

（3）采用标识简化页面开发。Web 页面开发人员不会都是熟悉脚本语言的编程人员。JSP 技术封装了许多功能，这些功能是在易用的、与 JSP 相关的 XML 标识中进行动态内容生成所需要的。

标准的 JSP 标识能够访问和实例化 JavaBeans 组件、设置或检索组件属性、下载 Applet，以及执行用其他方法更难于编码和耗时的功能。通过开发定制化标识库，JSP 技术是可以扩展的。今后，第三方开发人员和其他人员可以为常用功能创建自己的标识库。这使得 Web 页面开发人员能够使用熟悉的工具和如同标识一样的执行特定功能的构件来工作。

JSP 技术很容易整合到多种应用体系结构中，以便利用现存的工具和技巧，扩展到能够支持企业级的分布式应用。作为采用 Java 技术家族的一部分，以及 Java 2（企业版体系结构）的一个组成部分，JSP 技术能够支持高度复杂的基于 Web 的应用。

由于 JSP 页面的内置脚本语言是基于 Java 编程语言的，而且所有的 JSP 页面都被编译成为 Servlet，所以 JSP 页面就具有了 Java 技术的所有好处，包括健壮的存储管理和安全性。

（4）跨平台性良好。作为 Java 平台的一部分，JSP 拥有 Java 编程语言"一次编写，各处运行"的特点。随着越来越多的供应商将 JSP 支持添加到他们的产品中，用户可以使用自己所喜爱的服务器和工具。更改服务器和工具并不影响当前的应用。

4．ASP.NET 技术

ASP.NET 是 ASP3 的升级，但不是一次简单的升级，它为用户提供了一个全新而强大的服务器控件结构。它外观上与 ASP 相近，但本质上是完全不同的。ASP.NET 几乎全是基于组件和模块化的，每一个页、对象和 HTML 元素都是一个运行的组件对象。在开发语言上，ASP.NET 抛弃了 VBScript 和 JScript，而使用.NET Framework 所支持的 VB.NET、C#.NET 等语言作为其开发语言，这些语言生成的网页在后台被转换成了类，并编译成了一个 DLL。由于 ASP.NET 是编译执行的，所以它比 ASP 拥有更高的效率。

（1）增强的性能。ASP.NET 是在服务器上运行的编译好的公共语言运行库代码。与被解释的前辈不同，ASP.NET 拥有早期绑定、实时编译、本机优化和盒外缓存服务。这相当于在编写代码行之前便显著提高了性能。

（2）世界级的工具支持。ASP.NET 框架补充了 Visual Studio 集成开发环境中的大量工具箱和设计器。所见即所得的编辑、拖放服务器控件和自动部署只是这个强大工具所提供的功能中的少数几种。

（3）威力和灵活性。由于 ASP.NET 基于公共语言运行库，因此 Web 应用程序开发人员可以利用整个平台的威力和灵活性。.NET 框架类库、消息处理和数据访问解决方案都可从 Web 无缝访问。ASP.NET 也与语言无关，所以可以选择最适合应用程序的语言，或跨多种语言分割应用程序。另外，公共语言运行库的交互性可保证在迁移到 ASP.NET 时保留基于 COM 的开发中的现有投资。

（4）简易性。ASP.NET 使执行常见任务变得容易，无论简单的窗体提交和客户端身份验证，还是部署和站点配置。例如，ASP.NET 页框架使用户可以生成将应用程序逻辑与表示代码清楚分开的用户界面，就好似在类似 Visual Basic 的简单窗体处理模型中处理事件。另外，公共语言运行库利用托管代码服务（如自动引用计数和垃圾回收）简化了开发。

（5）可管理性。ASP.NET 采用基于文本的分层配置系统，简化了将设置应用于服务器环境和 Web 应用程序的步骤。由于配置信息是以纯文本形式存储的，因此可以在没有本地管理工具帮助的情况下应用新设置。此“零本地管理”哲学也扩展到了 ASP.NET 框架应用程序的部署中。只需将必要的文件复制到服务器，即可将 ASP.NET 框架应用程序部署到服务器。不需要重新启动服务器，即使是在部署或替换运行的编译代码时也是如此。

（6）可缩放性和可用性。ASP.NET 在设计时考虑了可缩放性，增加了专门用于在聚集环境和多处理器环境中提高性能的功能。另外，进程受到 ASP.NET 运行库的密切监视和管理，以便当进程行为不正常（泄漏、死锁）时，可就地创建新进程，以帮助保持应用程序始终可用于处理请求。

（7）自定义性和扩展性。ASP.NET 允许用户用自己编写的自定义组件扩展或替换ASP.NET 运行库中的任何子组件。

（8）安全性。借助内置的 Windows 身份验证和基于每个应用程序的配置，可以保证应用程序是安全的。

8.2　安装和配置 Web 服务器

8.2.1　安装 IIS

下面以 Windows XP 为例介绍如何安装 IIS。

（1）依次单击【开始】→【控制面板】命令，打开【控制面板】对话框，如图 8.1 所示。

图 8.1　打开【控制面板】

（2）单击【添加或删除程序】图标，在打开的【添加或删除程序】对话框中选择【添加/删除 Windows 组件】，如图 8.2 所示。

图 8.2　添加/删除 Windows 组件

（3）系统弹出【Windows 组件向导】对话框，选中【Internet 信息服务（IIS）】，单击【下一步】按钮，如图 8.3 所示。

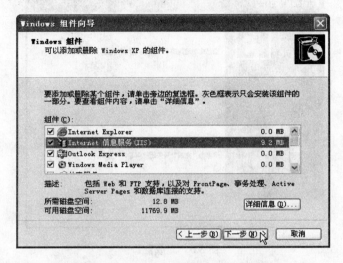

图 8.3 【 Windows 组件向导】对话框

（4）此时系统将提示用户插入系统安装光盘，直接单击【确定】按钮，如图 8.4 所示。

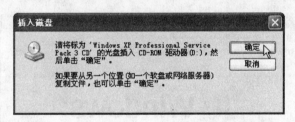

图 8.4 提示窗口

（5）用户插入安装光盘后，系统开始复制相关文件，如图 8.5 所示。

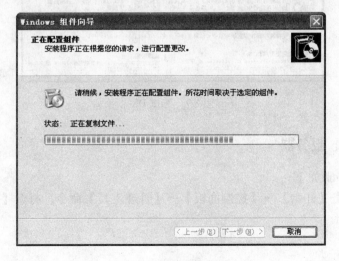

图 8.5 复制文件窗口

（6）当文件复制完成，系统弹出如图 8.6 所示的窗口，单击【完成】按钮，结束设置。

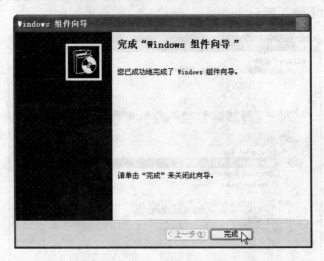

图 8.6　完成窗口

（7）打开 IE 浏览器，在地址栏中输入"http://localhost"或 "http://127.0.0.1"，系统若弹出如图 8.7 所示的界面，则表示 IIS 安装成功。

图 8.7　测试 IIS

8.2.2　配置 Web 服务器

配置 IIS 的步骤如下。

（1）依次单击【开始】→【控制面板】→【管理工具】命令，打开【管理工具】对话框，如图 8.8 所示。

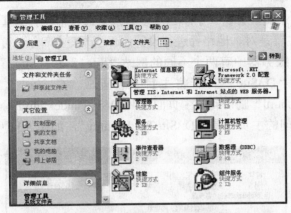

图 8.8　【管理工具】对话框

（2）双击【Internet 信息服务】图标，即可进入 IIS 管理器，如图 8.9 所示。

图 8.9　【Internet 信息服务】对话框

（3）在【默认网站】选项上单击鼠标右键，选择【属性】命令，如图 8.10 所示。

图 8.10　弹出式菜单

（4）在【默认网站属性】窗口中单击【主目录】选项卡，打开【主目录】选项卡。在
【主目录】选项卡中主要是对本地路径进行设置，通过改变主目录，可以由用户设置不同的
网站内容。例如，在服务器中有两个不同的网站"Site1"和"Site2"，假设两个网站的路
径为"C:\Site1"和"D:\Site2"。若将主目录设置成"C:\Site1"，并且在 IE 中输入
"http://localhost/index.html"则访问的主页面是"C:\Site1\index.html"。同理，若将主目录设
为"D:\Site2"，则访问的主页面是"D:\Site2\index.html"，如图 8.11 所示。

图 8.11　设置主目录

（5）选择【文档】选项卡，单击【添加】按钮，如图 8.12 所示。

图 8.12　添加默认主页

（6）在【添加默认文档】对话框中输入"index.asp"，单击【确定】按钮，如图 8.13 所示。

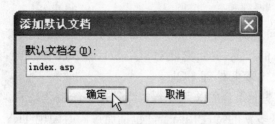

图 8.13　【添加默认文档】对话框

（7）添加完成后，单击　t　按钮，将其调整到最上方，以便于系统减少搜索时间，如图 8.14 所示。

图 8.14　调整顺序

（8）单击【确定】按钮完成设置。

8.3　网站数据库

8.3.1　SQL Server 2005 数据库技术概述

SQL Server 是一个关系数据库管理系统，它最初是由 Microsoft、Sybase 和 Ashton-Tate 三家公司共同开发的。

Microsoft SQL Server 2005 扩展了 SQL Server 2000 的性能，如可靠性、可用性、可编程性和易用性。SQL Server 2005 包含了多项新功能，这使它成为大规模联机事务处理（OLTP）、数据仓库和电子商务应用程序的优秀数据库平台。

本节介绍的 SQL Server 2005 是 SQL Server 2000 的升级版，它在 SQL Server 2000 的

优点上增加了许多更先进的功能，具有良好的易用性、可伸缩性，与相关软件集成程度高，可在多数 Windows 平台上使用。

其主要特点如下。

SQL Server 2005 可充分利用 Windows NT 的优势。从编程到管理能力，2005 版的 SQL Server 都优于其他版本的产品，并且它还对 SQL Server 2000 中已经存在的特性进行了加强。

1. 加强的 T-SQL（事务处理 SQL）

T-SQL 天生就是基于集合的关系型数据库管理系统编程语言，它可以提供高性能的数据访问。现在，它与许多新的特性相结合，包括通过同时使用 TRY 和 CTACH 来进行错误处理，可以在语句中返回一个结果集的通用表表达式（CTEs），以及通过 PIVOT 和 UNPIVOT 命令将列转化为行和将列转化为行的能力。

2. CLR（Common Langu 年龄 Runtime，通用语言运行时）

SQL Server 2005 中的第二个主要的增强特性就是整合了符合.NET 规范的语言，如 C#、ASP.NET 或者是可以构建对象（存储过程、触发器、函数等）的 VB.NET。这使用户可以在数据库管理系统中执行.NET 代码以充分利用.NET 功能。它有望在 SQL Server 2000 环境中取代扩展的存储过程，同时它还扩展了传统关系型引擎功能。

3. 服务代理（Service Broker）

服务代理处理的是以松散方式进行联系的发送者和接收者之间的消息。一个消息被发送、处理和回答，就完成了整个事务。这大大扩展了数据驱动应用程序的性能，以符合工作流或者客户业务需求。

4. 数据加密

SQL Server 2000 没有用来为表自身加密数据的、有文档记载的或公共支持的函数。企业需要依赖第三方产品来满足这个需求。SQL Server 2005 自身带有对用户自定义数据库中存储的数据进行加密的功能。

5. SMTP 邮件

在 SQL Server 2000 中直接发送邮件是可能的，但是很复杂。在 SQL Server 2005 中，微软通过合并 SMTP 邮件提高了自身的邮件性能。

6. HTTP 终端

用户可以很轻松地通过一个简单的 T-SQL 语句使一个对象在因特网上被访问，从而创建一个 HTTP 终端。这就相当于允许从因特网上呼叫一个简单的对象来获取需要的数据。

7. 多活动结果集（Multiple Active Result Sets，MARS）

多活动结果集允许从单个的客户端到数据库保持一条持久的连接，以便在每个连接上拥有超过一个的活动请求。这是一个重要的性能改善，它允许开发人员让用户在使用 SQL Server 工作的时候拥有新的能力。例如，它允许多个查询，或者在查询的同时输入数据，底线就是一个客户端连接可以同时拥有多个活动的进程。

8. 专用管理员连接

如果所有的内容都出错了，那么只能关闭 SQL Server 服务或者按下电源键，专用管理员连接结束了这种状况。这个功能允许数据库管理员对 SQL Server 发起单个诊断连接，即使是服务器正在出现问题。

9. SQL Server 综合服务（SSIS）

SSIS 已经作为主要的 ETL（抽取、传输和载入）工具替代了 DTS（数据传输服务）。随着 SQL Server 的免费发布，这个工具从 SQL Server 2000 开始就已被完全重新编写，现在已经拥有了很大程度的灵活性，可满足复杂的数据移动需求。

10. 数据库镜像

数据库镜像是本地高可用性能力的扩展。

8.3.2　数据库查询

1. 简单查询

简单的 Transact-SQL 查询只包括选择列表、FROM 子句和 WHERE 子句。它们分别说明所查询列、查询的表或视图、以及搜索条件等。

例如，下面的语句查询用户表表中姓名为"张三"的"姓名"字段和 E_mail 字段。

```
SELECT 姓名,E_mail
FROM  用户表
WHERE name='张三'
```

1）选择列表

选择列表（select_list）指出所查询的列，它可以由一组列名列表、星号（*）、表达式和变量（包括局部变量和全局变量）等构成。

（1）选择所有列。

例如，下面语句可显示用户表中所有列的数据：

```
SELECT *
FROM  用户表
```

（2）选择部分列并指定它们的显示次序。

查询结果集合中数据的排列顺序与选择列表中所指定的列名排列顺序相同。例如：

```
SELECT  姓名,E_Mail
FROM  用户表
```

（3）更改列标题。

在选择列表中，可重新指定列标题。定义格式为"列标题=列名"。若指定的列标题不是标准的标识符格式，则应使用引号定界符。

例如，下列语句可使用汉字显示列标题：

```
SELECT  昵称=姓名,电子邮件=E_Mail
FROM  用户表
```

（4）删除重复行。

SELECT 语句中使用 ALL 或 DISTINCT 选项来显示表中符合条件的所有行或删除其中重复的数据行，默认为 ALL（全部）。使用 DISTINCT 选项时，对于所有重复的数据行在 SELECT 返回的结果集合中只保留一行。

（5）限制返回的行数。

使用 TOP n [PERCENT]选项可限制返回的数据行数。TOP n 说明返回 n 行，而 TOP n PERCENT 说明 n 是表示一个百分数，可指定返回的行数等于总行数的百分之几。

例如：

```
SELECT TOP 2 * FROM 用户表
SELECT TOP 20 PERCENT *
FROM 用户表
```

2）FROM 子句

FROM 子句指定 SELECT 语句查询及与查询相关的表或视图。在 FROM 子句中最多可指定 256 个表或视图，它们之间用逗号分隔。

在 FROM 子句同时指定多个表或视图时，如果选择列表中存在同名列，这时应使用对象名限定这些列所属的表或视图。例如，在"用户表"和"部门表"中同时存在"城市"列，在查询两个表中的城市时应使用下面语句格式加以限定：

```
SELECT 用户名,部门.城市
FROM 用户表,部门
WHERE 用户表.城市=部门.城市
```

在 FROM 子句中可用以下两种格式为表或视图指定别名：

```
表名 as 别名
表名 别名
```

例如，上面语句可用表的别名格式表示为：

```
SELECT 用户名,b.城市
FROM 用户表 a,部门 b
WHERE a.城市=b.城市
```

SELECT 不仅能从表或视图中检索数据，还能够从其他查询语句所返回的结果集合中查询数据。例如：

```
SELECT a.名称+a.全名
FROM 作者 a,作者表 ta
（SELECT 标题 ID,书名
FROM 标题
WHERE 销售数量>5000
）AS 临时表
WHERE a.出版标识=ta.出版标识
AND ta.书号=t.书号
```

此例中，将 SELECT 返回的结果集合给予一个别名"临时表"，然后再从中检索数据。

3）设置查询条件——WHERE 子句

WHERE 子句可设置查询条件，过滤掉不需要的数据行。例如，下面的语句可查询年龄大于 20 的数据：

SELECT *

```
FROM 用户表
WHERE 年龄>20
```

WHERE 子句可包括各种条件运算符。

比较运算符（大小比较）有>、>=、=、<、<=、<>、!>和!<。

范围运算符（表达式值是否在指定的范围）有 BETWEEN……AND…… 和 NOT BETWEEN……AND……。

列表运算符（判断表达式是否为列表中的指定项）有 IN(项 1,项 2……)和 NOT IN (项 1，项 2……)。

模式匹配符（判断值是否与指定的字符通配格式相符）有 LIKE、NOT LIKE。

空值判断符（判断表达式是否为空）有 IS NULL、NOT IS NULL。

逻辑运算符（用于多条件的逻辑连接）有 NOT、AND、OR。

（1）范围运算符举例："年龄 BETWEEN 10 AND 30" 相当于 "年龄>=10 AND 年龄<=30"。

（2）列表运算符举例："国家 IN('英国','中国')"。

（3）模式匹配符常用于模糊查找。它可判断列值是否与指定的字符串格式相匹配，可用于 char、varchar、text、ntext、datetime 和 smalldatetime 等类型的查询，可使用以下通配字符。

百分号%：可匹配任意类型和长度的字符，如果是中文，请使用两个百分号，即%%。

下画线_：匹配单个任意字符，它常用来限制表达式的字符长度。

方括号[]：指定一个字符、字符串或范围，要求所匹配对象为它们中的任意一个。[^] 的取值与[] 相同，但它要求所匹配对象为指定字符以外的任意一个字符。

例如，限制以"出版社"结尾，可使用"LIKE '%出版社' "；限制以 A 开头可使用"LIKE '[A]%' "；限制以除 A 外的字符开头，可使用 "LIKE '[^A]%' "。

（4）空值判断符例 WHERE 年龄 IS NULL。

（5）逻辑运算符优先级为 NOT、AND、OR。

4）查询结果排序

ORDER BY 子句可对查询返回的结果按一列或多列排序。它的语法格式为：

```
ORDER BY {column_name [ASC|DESC]} [,……n]
```

其中，ASC 表示升序，为默认值，DESC 为降序。ORDER BY 不能按 ntext、text 和 im 年龄数据类型进行排序。

例如：

```
SELECT *
FROM 用户表
ORDER BY 年龄 DESC,用户 ID ASC
```

另外，可以根据表达式进行排序。

2．联合查询

UNION 运算符可以将两个或两个以上 SELECT 语句的查询结果集合合并成一个结果集合显示，即执行联合查询。UNION 的语法格式为：

```
select_statement
UNION [ALL] selectstatement
[UNION [ALL] selectstatement][……n]
```

其中 selectstatement 为待联合的 SELECT 查询语句。

ALL 选项表示将所有行合并到结果集合中。不指定该项时，被联合查询结果集合中的重复行将只保留一行。

联合查询时，查询结果的列标题为第一个查询语句的列标题。因此，要定义列标题必须在第一个查询语句中定义。要对联合查询结果排序时，也必须使用第一个查询语句中的列名、列标题或列序号。

在使用 UNION 运算符时，应保证每个联合查询语句的选择列表中都有相同数量的表达式，并且每个查询选择表达式都应具有相同的数据类型，或是可以自动将它们转换为相同的数据类型。在自动转换时，系统会将低精度的数据类型转换为高精度的数据类型。

在包括多个查询的 UNION 语句中，其执行顺序是自左至右，使用括号可以改变这一执行顺序。例如：

```
查询 1 UNION (查询 2 UNION  查询 3)
```

3．连接查询

通过连接运算符可以实现多个表查询。连接是关系数据库模型的主要特点，也是它区别于其他类型数据库管理系统的一个标志。

在关系数据库管理系统中，表建立时各数据之间的关系还未确定，经常把一个实体的所有信息存放在一个表中。当检索数据时，可通过连接操作查询出存放在多个表中的不同实体的信息。连接操作给用户带来了很大的灵活性，他们可以在任何时候增加新的数据类型。为不同实体创建新的表，然后再通过连接进行查询。

连接可以在 SELECT 语句的 FROM 子句或 WHERE 子句中建立。在 FROM 子句中指出连接时有助于将连接操作与 WHERE 子句中的搜索条件区分开来，所以在 Transact-SQL 中推荐使用这种方法。

SQL-92 标准所定义的 FROM 子句的连接语法格式为：

```
FROM join_table join_type join_table
[ON (join_condition)]
```

其中，join_table 指出参与连接操作的表名，连接可以对同一个表操作，也可以对多个表操作，对同一个表操作的连接又称为自连接。

join_type 指出的连接类型，可分为 3 种：内连接、外连接和交叉连接。内连接（INNER JOIN）使用比较运算符进行表间某（些）列数据的比较操作，并列出这些表中与连接条件相匹配的数据行。根据所使用的比较方式的不同，内连接又分为等值连接、自然连接和不等连接 3 种。外连接分为左外连接（LEFT OUTER JOIN 或 LEFT JOIN）、右外连接（RIGHT OUTER JOIN 或 RIGHT JOIN）和全外连接（FULL OUTER JOIN 或 FULL JOIN）3 种。与内连接不同的是，外连接不仅列出与连接条件相匹配的行，还列出左表（左外连接时）、右表（右外连接时）或两个表（全外连接时）中所有符合搜索条件的数据行。

交叉连接（CROSS JOIN）没有 WHERE 子句，它返回连接表中所有数据行的笛卡儿积，其结果集合中的数据行数等于第一个表中符合查询条件的数据行数乘以第二个表中符合查询条件的数据行数。

连接操作中的 ON（join_condition）子句指出连接条件，它由被连接表中的列和比较运算符、逻辑运算符等构成。

无论哪种连接都不能对 text、ntext 和 image 数据类型列进行直接连接，但可以对这 3 种列进行间接连接。例如：

```
SELECT p1.书号,p2.书号,p1.出版信息
FROM 出版信息 AS p1 INNER JOIN 出版信息 AS p2
ON DATALENGTH(p1.出版信息)=DATALENGTH(p2.出版信息)
```

1）内连接

内连接查询操作可列出与连接条件匹配的数据行，它使用比较运算符比较被连接列的列值。内连接分为以下 3 种。

（1）等值连接：在连接条件中使用等于号（=）运算符比较被连接列的列值，其查询结果中会列出被连接表中的所有列，包括其中的重复列。

（2）不等连接：在连接条件中使用除等于运算符以外的其他比较运算符比较被连接的列的列值。这些运算符包括>、>=、<=、<、!>、!<和<>。

（3）自然连接：在连接条件中使用等于（=）运算符比较被连接列的列值，它可使用选择列表指出查询结果集合中所包括的列，并删除连接表中的重复列。

例如，下面使用等值连接列出"作者"和"出版社"字段中位于同一城市的作者和出版社：

```
SELECT *
FROM 作者 AS a INNER JOIN 出版社 AS p
ON a.城市=p.城市
```

又如，使用自然连接，在选择列表中删除"作者"和"出版社"表中的重复列（"城市"和"国家"）：

```
SELECT a.*,p.出版标识,p.出版名称,p.国家
FROM 作者 AS a INNER JOIN 出版社 AS p
ON a.城市=p.城市
```

2）外连接

内连接时，返回到查询结果集合中的仅是符合查询条件（WHERE 搜索条件或 HAVING 条件）和连接条件的行。而采用外连接时，返回到查询结果集合中的不仅包含符

合连接条件的行，还包括左表（左外连接时）、右表（右外连接时）或两个表（全外连接）中的所有数据行。下面使用左外连接将论坛内容和作者信息连接起来：

```
SELECT a.*,b.* FROM 论坛 LEFT JOIN 用户表 as b
ON a.用户名=b.用户名
```

下面使用全外连接将"城市"表中的所有作者、"用户"表中的所有作者，以及他们所在的城市连接起来：

```
SELECT a.*,b.*
FROM 城市 as a FULL OUTER JOIN 用户 as b
ON a.用户名=b.用户名
```

3）交叉连接

交叉连接不带 WHERE 子句，它返回被连接的两个表中所有数据行的笛卡儿积，返回到结果集合中的数据行数等于第一个表中符合查询条件的数据行数乘以第二个表中符合查询条件的数据行数的积。例如，"书名"表中有 6 类图书，而"出版社"表中有 8 家出版社，则下列交叉连接检索到的记录数将为 6×8=48 行。

```
SELECT 类型,出版名称
FROM 书名 CROSS JOIN 出版社
ORDER BY 类型
```

8.3.3　创建数据库

使用 SQLServer 创建数据库有两种方法：一是在"查询分析器"中使用 SQL 命令创建数据库；二是使用"企业管理器"创建数据库。下面将分别介绍。

1. 使用 SQL 命令创建

格式如下：

```
CREATE DATABASE database_name
[ON[PRIMARY]]
    [<filespec>[,…n]]
    [,<filegroup>[,…n]]
]
[LOG ON {<filespec>[,…n]}]
[COLLATE collation_name]
[FOR LOAD|FOR ATTACH]
<filespec>::=
([NAME=logical_file_name,]
FILENAME='os_file_name'
[,SIZE=size]
[,MAXSIZE={max_size|UNLIMITED}]
[,FILEGROWTH=growth_increment])[,…n]
<filegroup>::=
```

FILEGROUP filegroup_name<filespec>[,…n]

CREATE DATABASE 参数如表 8.1 所示。

表 8.1 CREATE DATABASE 参数

参 数	说 明
Database_name	新建数据库的名称。在同一台服务器中，数据库名称必须是唯一的，并且用户指定的数据库名称必须限制在 123 个字符以内
ON	指定存储数据库数据的文件名或文件组名。其后可以跟一个或多个文件名、文件组名
N	表示该数据库包含文件的最大数目
LOG ON	指定存放日志文件的文件列表，各个日志文件之间以逗号间隔。当用户未指定日志文件名时，系统将自动产生一个单独的日志文件
FOR LOAD	表示只在用户使用该数据库时才加载这个数据库
FOR ATTACH	表示附接数据库，其后紧跟需要附接的文件
Name	关键字，用于为由<filespec>定义的文件指定逻辑名称
logical_file_name	用来设置在创建数据库后执行的 Transact-SQL 语句中引用文件的名称，也就是数据库的逻辑文件名称
FileName	关键字。用来指定数据库的物理名称，由 os_file_name 来设置
Size	关键字。通过设置 size 可以初始定义文件的大小，默认单位为 MByte
Maxsize	关键字。通过设置 max_size 来限制文件的大小，也可以将 Maxsize 设置为 Unlimited，表示文件大小由磁盘空间来限制
FileGrowth growth_increment	FileGrowth 是关键字，用于指定文件的增长数量。growth_increment 可以是数值或百分比。如果是数值，则应为一个整数，并可用 MByte、KByte、GByte、TByte 作为单位。如果没有指定文件增长量，则默认值为 10%，最小值为 64KByte。增长量为 0 则表示不增长
FILEGROUP filegroup_name	FILEGROUP 是关键字，用于指定文件组。在创建数据库时，自动创建主文件组，其名称为 PRIMARY。filegroup_name 是自定义的文件组名称

例如，创建数据库语句如下：

```
CREATE DATABASE 用户表
create database 用户表
on
(
    name=用户表_data,
    filename='C:\Program Files\Microsoft SQL Server\MSSQL\Data\用户表_data.mdf',
    size=2,
    filegrowth=2mb
)
log on
(
    name=用户表_log,
```

```
filename='C:\Program Files\Microsoft SQL Server\MSSQL\Data\用户表_log.ldf',
size=1,
filegrowth=2mb
)
```

2．使用"SQL Server Management Studio"创建数据库

（1）依次单击【开始】→【所有程序】→【Microsoft SQL Server 2005】→【SQL Server Management Studio】命令，如图 8.15 所示。

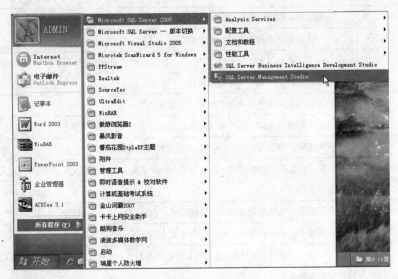

图 8.15　选择【SQL Server Management Studio】命令

（2）在【SQL Server Management Studio】窗口中用鼠标右键单击【数据库】，在弹出的菜单中选择【新建数据库】命令，如图 8.16 所示。

图 8.16　【新建数据库】命令

（3）在【数据库名称】文本框中输入数据库名，如图 8.17 所示。

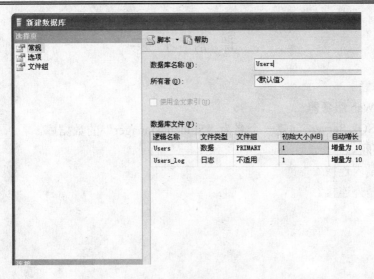

图 8.17　输入数据库名

（4）单击【数据库文件】列表中的相应按钮，可以设定数据库存储位置及日志存放地址，如图 8.18 所示。

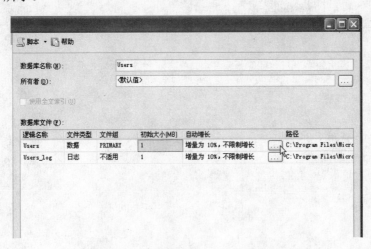

图 8.18　设置数据库及日志存储位置

（5）选择完毕，单击【确定】按钮。至此数据库建立完成。

本 章 小 结

本章主要介绍了动态网站、动态网页语言、安装和配置 Web 服务器，以及网站数据库 SQL Server 的基础知识。读者应熟练掌握 Web 服务器的安装与配置、SQL Server 数据库的建立，以及 SQL 的查询和操作。

课 后 习 题

一、操作题

1．配置 Web 服务器。

2．使用 SQL Server 创建一个名为 "StudentManager" 的数据库。

二、问答题

1．什么是内连接？

2．什么是外连接？

第9章 ASP 基础

教学提示： 本章主要介绍 ASP 基础内容。脚本语言 VBScript 代码基本格式、数据类型、运算符、常量变量、数组、循环及常用对象。

教学内容： VBScript 语法及案例；常量、变量与数组的基本应用；循环及运算符的基本使用方法。

9.1 认识 VBScript

VBScript 的全称是 Visual Basic Scripting Edition，它是 Visual Basic 语言的子集。同时也是 ASP 的基础。

VBScript 是一种脚本语言，语法比较简单。通常在 HTML 文件中直接嵌入 VBScript 脚本，从而起到扩展 HTML 语言的作用。

一个简单的 ASP 程序主要包括以下 3 个部分。

（1）HTML 文件，也就是普通的 Web 页面的内容。

（2）服务器端的 Script 程序代码，位于<%…%>内的程序代码。

（3）客户端的 Script 程序代码，位于<Script>…</Script>内的程序代码。

ASP 的注意事项如下。

（1）不分大小写。

（2）用英文的标点符号。

（3）<% %>的位置。

（4）ASP 语句必须在一行中。

（5）注释语句'用'号开头。

要充分利用 HTML 工具开发源代码。

9.2 VBScript 代码基本格式及数据类型

9.2.1 VBScript 代码基本格式

在 HTML 页面中使用 VBScript 的基本格式如下：

```
<Script Language="VBScript">
</Script>
```

在 <Script Language="VBScript"> 和 </Script> 之间编写 VBScript 代码，其中 Language="VBScript"可以简写为 Language="VBS"。

程序名称： 10-1.html

```
<html>
<head>
    <title>首页</title>
</head>
<body>
    <Script Language="VBS">
        document.write("这是第一个 VBScript 案例")
    </Script>
</body>
</html>
```

程序运行结果：

程序解释： document.write 是 VBScript 脚本语言的输出语句，该句用于向浏览器发送字符串。

9.2.2　VBScript 的数据类型

VBScript 只支持一种数据类型，即 Variant。

Variant 数据类型可以容纳 Visual Basic 支持的任何类型的数据，如字符串、整数等。换句话说就是，当 Variant 类型用于数字时，将自动作为数值处理，用于字符串时，将自动作为字符串处理。

常见的有字符串、数字、日期和逻辑类型。例如：

```
Variable=2009              'VBScript 会当成整数处理
Variable="2009"            'VBScript 会当成字符串处理
Variable="文字"            'VBScript 会当成字符串处理
Variable=70.98             'VBScript 会当成小数处理
```

程序名称： 10-2.html

```
<html>
<head>
    <title>数据类型</title>
</head>
<body>
    <Script Language="VBScript">
        dim x,y
```

```
            x = 50
            y=100
            document.write(x&y)
            document.write("<br>")
            x="这是"
            y="文本"
            document.write(x+y)
        </Script>
    </body>
    </html>
```

程序运行结果：

程序解释： VBScript 连接符有两种，即 "+" 和 "&"。如果使用如下语句，则结果会变为 "50100"。

```
    dim x,y
        x = 50
        y=100
        document.write(x&y)
```

9.2.3　Variant 类型的子类型

Variant 包含的数值信息类型称为子类型，如表 9.1 所示。多数情况下，可以将所需数据存入 Variant 中，而 Variant 也会自动适应包含的数据方式。

表 9.1　子类型的具体描述

子类型	描　　述
Empty	未初始化的 Variant 数字变量的值是 0，字符串变量的值是零长度字符串（""）
NULL	不包含任何有效数据的 Variant
Boolean	包含 True 或 False
Byte	包含 0 ～255 范围内的整数
Integer	包含 –32 768～32 767 范围内的整数
Currency	表示–922 337 203 685 477 580 8～922 337 203 685 477.5807 的数
Long	包含–2 147 483 648～2 147 483 647 范围内的整数

续表

子类型	描　述
Single	包含-3.402 823E38～-1.401 298E-45 及 1.401 298E-45～3.402 823E38 范围内的单精度浮点数。
Double	-1.797 693 134 862 32E 308～-4.940 656 458 412 47E-324 或 4.940 656 458 412 47E-324 到 1.797 693 134 862 32E308
Date (Time)	包含一个数字，代表 100 年 1 月 1 日到 9999 年 12 月 31 日之间的某个日期
String	包含一个变长字符串，长度大约可以达到 20 亿个字符
Object	包含一个对象
Error	包含错误号

9.2.4　常用数据转换函数

常用数据转换函数，如表 9.2 所示。

表 9.2　常用数据转换函数

函　数	描　述
Asc	返回与字符串中第一个字母相对应的 ASCII 字符代码
CBool	返回表达式，该表达式已被转换为一个 Boolean 子类型
CByte	返回表达式，该表达式已被转换为一个 Byte 子类型
CCur	返回表达式，该表达式已被转换为一个 Currency 子类型
CDate	返回表达式，该表达式已被转换为一个 Date 子类型
CDbl	返回表达式，该表达式已被转换为一个 Double 子类型
Chr	返回与指定的 ASCII 字符代码对应的字符
CInt	返回表达式，该表达式已被转换为一个 Integer 子类型
CLng	返回表达式，该表达式已被转换为一个 Long 子类型
CSng	返回表达式，该表达式已被转换为一个 Single 子类型
CStr	返回表达式，该表达式已被转换为一个 String 子类型
Hex	返回一个表示数字的十六进制值的字符串
Oct	返回一个表示数字的八进制值的字符串

9.3　VBScript 常量与变量

9.3.1　常量

常量可以代表字符串、数字、日期等常数。常量一经定义以后，其值将不能再更改。常量定义如下：

```
Const PI=3.1415926            '表示数值型常数
Const MyString="中华人民共和国"   '表示字符串型常数
```

```
Const ConstString2="100"                '表示字符串型常数
Const ConstDate=#2009-1-30#             '表示日期常数或时间常数
```

9.3.2　变量

变量就是其值可变的量。从专业的角度说，变量就是存储在内存中的、用来包含信息的、地址的名称。

除了使用 dim 定义变量外，还可以直接在 Script 中使用变量，无需定义。为了强制数据需要使用 Option Explicit 语句，并将其作为 Script 的第一条语句。

程序名称： 10-3.html

```html
<html>
<head>
    <title>变量定义</title>
</head>
<body>
    <Script Language="VBS">
            Option Explicit
            dim a,b
            a = 10
            b=a+5
            document.write(b)
    </Script>
</body>
</html>
```

程序运行结果：

9.4　VBScript　数　组

9.4.1　一维数组

有时用户需要创建多个变量，这时使用数组定义变量就比较方便。数组变量和普通变量都可以用 Dim 声明，唯一的区别在于"声明数组变量时，变量名后带有括号"。

例如：

```
Dim A(10)
```

需要注意的是，在括号中显示的是数字 10，而实际上相当于定义了 11 个数组元素。在 VBScript 中所有数组下标均由 0 开始。这一点和 C、Java、.NET 是不同的。

程序名称：10-4.html

```
<html>
<head>
    <title>一维数组</title>
</head>
<body>
    <Script Language="VBS">
            dim A(2)
            A(0)=5
            A(1)=10
            A(2)=15
            document.write(A(0))
            document.write("<BR>")
            document.write(A(1))
            document.write("<BR>")
            document.write(A(2))
    </Script>
</body>
</html>
```

程序运行结果：

9.4.2　二维数组

若有定义 dim A(1,2)，则表示定义了 6 个数组变量。其分配方式如下：

A(0,0)	A(0,1)	A(0,2)
A(1,0)	A(1,1)	A(1,2)

程序名称：10-5.html

```
<html>
```

```
<head>
    <title>二维数组</title>
</head>
<body>
    <Script Language="VBS">
            dim A(1,2)
            A(0,0)=5
            A(0,1)=10
            A(0,2)=15
            A(1,0)=20
            A(1,1)=25
            A(1,2)=30
            document.write(A(0,0))
            document.write("<BR>")
            document.write(A(1,1))
            document.write("<BR>")
            document.write(A(1,2))
    </Script>
</body>
</html>
```

程序运行结果：

9.4.3　动态数组

动态数组就是在运行时大小发生变化的数组。声明动态数组时，括号中不包含任何数字。例如：

```
Dim AutoArray(10)
Dim ReDim AnotherArray()
```

调用时必须在定义动态数组后使用 ReDim 来确定维数和每一维的大小，同时可以使用 Preserve 关键字在重新调整大小时保留原来的数组内容。

程序名称：10-6.html

```
<html>
<head>
```

```
            <title>动态数组</title>
        </head>
        <body>
            <Script Language="VBS">
                    dim A()
                    ReDim A(10)
                    A(0)=5
                    A(1)=10
                    ReDim Preserve A(15)
                    A(15)=99
                    document.write(A(0))
                    document.write("<BR>")
                    document.write(A(1))
                    document.write("<BR>")
                    document.write(A(15))
            </Script>
        </body>
    </html>
```

程序运行结果：

9.5 VBScript 运算符

VBScript 运算符包括算术运算符、比较运算符、逻辑运算符和连接运算符。

运算顺序为先计算算术运算符，其次计算连接运算符，再次计算比较运算符，最后计算逻辑运算符。

算术运算符：+（加）、−（减）、*（乘）、/（除）、Mod（求余）、^（指数）、\（整除）。

连接运算符：+ 、 &。

比较运算符：>（大于）、<（小于）、=（等于）、>=（大于等于）、<=（小于等于）。

逻辑运算符：and（与）、or（或）、xor（异或）、not（非）、eqv（等于）。

9.6　VBScript 基本结构

VBScript 有 3 种基本结构，分别是顺序结构、分支结构和循环结构。

顺序结构由上到下逐行执行，前面所举的例子从 10-2.html 到 10-6.html 均为顺序结构。

9.6.1　分支结构

1. If……Then……Else 语句

例 1：最简单的 If……Then……Else

```
If a<b Then a=b
```

当 Then 后面只有一条语句时，可以将这条语句放在 Then 后面，此时必须将 End If 去掉，否则会出错。

例 2：

```
If   a=1 Then
        Label1.ForColor=vbRed
        Label1.Font.Bold=True
    End If
```

2. Select Case 语句

Select Case 被称为"多重分支语句"，功能与 If……Then……Else 相似。

程序名称： 10-7.html

```
<html>
<head>
    <title>多重分支</title>
</head>
<body>
    <Script Language="VBS">
        age=15
        Select Case age
            Case 0,1,2,3,4,5,6
                S="学龄前"
            Case 7,8,9,10,11,12
                S="小学"
            Case 13,14,15
                S="初中"
            Case 16,17,18
                S="九年义务教育结束！"
            Case Else
                S="不正确！"
        End Select
```

```
            S=age&"岁正是读"&S&"的年龄！"
            document.write(S)
        </Script>
    </body>
</html>
```

程序运行结果：

9.6.2　循环结构

循环结构可用于反复执行一组语句。在 VBScript 中共有 4 种循环语句。

● Do……Loop：当条件满足（True）时循环。

● While……Wend：当条件满足（True）时循环。

● For……Next：指定循环次数，使用计数器重复运行语句。

● For Each……Next：对集合中的每项或每个元素重复执行。

程序名称：10-8.html

```
<html>
<head>
    <title>For 循环</title>
</head>
<body>
    <Script Language="VBS">
        Dim i,j
        For i=1 To 10 Step 2
            i=i+1
        Next
        document.write(i)
    </Script>
</body>
</html>
```

如果希望强行退出循环，则可在循环内加 Exit For 或 Exit Do。

程序运行结果：

9.7　ASP 内置对象

常用的内置对象主要有以下 5 种。

（1）Response 对象：将信息发送给浏览器。

（2）Request 对象：获取客户端信息。

（3）Application 对象：存储用户共享信息。

（4）Session 对象：存储在未关闭浏览器之前的用户信息。

（5）Server 对象：提供多种服务器端的应用函数。

9.7.1　Response 对象

Response 对象可以使用的方法有以下 4 个。

（1）Write：直接发送信息给客户端。

（2）Redirect：转至另一个客户端 URL 位置。

（3）End ：结束程序运行。

（4）Cookies：设置 Cookies 值。它的主要有以下两个属性。

① Buffer：设置为缓冲信息。

② ContentType：控制送出的文件类型。

程序名称：10-9.asp

```
<%
    S="我的第一个服务器端代码!"
    Response.Write(S)    '输出字符串
%>
```

程序运行结果：

9.7.2　Request 对象

Request 对象可以由服务器获取客户端的信息。其获取方式有 5 种，分别是 QueryString、Form、Cookies、ServerVariables 和 ClientCertificate。

程序名称：10-10.html

```
<html>
<head>
    <title>Request 对象</title>
</head>
<body>
    <form action="10-10.asp" method="post">
        用户名：<input type="Text" Name="UserName">
        <input type="submit" value="提交">
    </form>
</body>
</html>
```

程序运行结果：

程序名称：10-10.asp

```
<%
    =Request.Form("UserName")
%>
```

程序运行结果：

程序运行方法：

先运行"10-10.html"，当单击【提交】按钮后，表单会将获取的文本自动提交给

"10-10.asp"

9.7.3 Application 对象

Application 对象是一个比较重要的对象。它主要提供了以下两个方法。

（1）Lock()：锁定 Application 对象，防止被其他用户访问。

（2）Unlock()：解除锁定，可以接受用户访问。

程序名称：10-11.asp

```
<html>
<head>
    <title>Application 对象</title>
</head>
<body>
    <%
        Speak=Request("Speak")
        Application("Chat")=Application("Chat")&"<br>"&Speak
        Response.Write(Application("Chat"))
    %>
    <form action="10-11.asp" method="post">
        <input type="Text" name="Speak">
        <input type="submit" name="submit" value="提交">
    </form>
</body>
</html>
```

程序运行结果：

本程序使用 Application 对象实现了一个简单的聊天室功能，使用时用户只需在文本框中输入文字，单击【提交】按钮即可。

9.7.4 Session 对象

Session 是指从用户到达某个特定主页到关闭该主页为止的时间段内，系统为用户分配的用于保存用户信息的对象。利用 Session 可以保存变量或字符串等信息。

程序名称： 10-12.asp

当前的 SessionID 是：<%=Session.SessionID%>

程序运行结果：

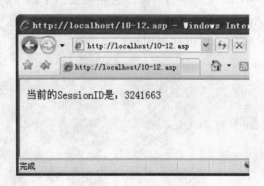

9.7.5　Server 对象

Server 对象主要用于创建 COM 对象和 Scripting 组件等。

常用属性： ScriptTimeout

常用方法： CreatObject、HTMLEncode、URLEncode、MapPath

程序名称： 10-13.asp

<%=Server.HTMLEncode("本方法是将字符串转为 HTML 格式")%>

程序运行结果：

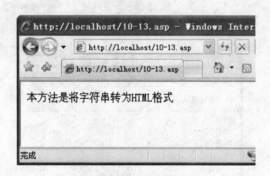

9.8　综 合 训 练

本节主要利用 Application 和 Session 制作一个聊天室，共有 5 个文件。

（1）index.asp：登录主页面。

（2）login.asp：登录处理页面。

（3）display.asp：信息显示页面。

（4）usermess.asp：信息输入页面。

（5）ChatFrame.html：框架页。

程序名称：index.asp

```
<%@LANGUAGE="VBSCRIPT" CODEPAGE="65001"%>
<!DOCTYPE html PUBLIC "-//W3C//DTD XHTML 1.0 Transitional//EN"
"http://www.w3.org/TR/xhtml1/DTD/xhtml1-transitional.dtd">
<html xmlns="http://www.w3.org/1999/xhtml">
<head>
<meta http-equiv="Content-Type" content="text/html; charset=utf-8" />
<title>登录页面</title>
</head>
    <form action="login.asp" method="post">
        用户名：<input type="text" name="txtUserID" size="20"><br>
        口　令：<input type="Password" name="txtUserPWD" size="20"><br>
            <input type="submit" value="提交">
    </form>
<body>
</body>
</html>
```

代码注释：

```
action="login.asp"：将表单内容提交给"login.asp"
method="post"：以 post 方式发送消息。
```

程序名称：login.asp

```
<%@LANGUAGE="VBSCRIPT" CODEPAGE="65001"%>
<!DOCTYPE html PUBLIC "-//W3C//DTD XHTML 1.0 Transitional//EN"
"http://www.w3.org/TR/xhtml1/DTD/xhtml1-transitional.dtd">
<html xmlns="http://www.w3.org/1999/xhtml">
<head>
<meta http-equiv="Content-Type" content="text/html; charset=utf-8" />
<title>登录处理页面</title>
</head>
<%
    strUserID = Request("txtUserId")
    strUserPWD = Request("txtUserPwd")
    Session("UName") = strUserID
    Session("UserNo")= strUserPWD
    Response.Redirect("ChatFrame.html")
%>
<body>
</body>
</html>
```

代码注释：

> charset=gbk：将显示字符编码设置为"gbk"
>
> strUserID = Request("txtUserId")：将 Request 获得的字符串赋与变量 strUserID
>
> Session("UName") = strUserID：将 strUserID 中存放的内容赋给 Session 变量 UName
>
> Response.Redirect("ChatFrame.html")：将页面转发给"ChatFrame.html"

程序名称：ChatFrame.html

```
<!DOCTYPE html PUBLIC "-//W3C//DTD XHTML 1.0 Transitional//EN"
"http://www.w3.org/TR/xhtml1/DTD/xhtml1-transitional.dtd">
<html xmlns="http://www.w3.org/1999/xhtml">
<head>
<meta http-equiv="Content-Type" content="text/html; charset=gbk" />
<title>聊天框架</title>
</head>
    <frameset rows="*,80">
        <frame SRC="display.asp">
        <frame SRC="usermess.asp">
    </frameset>
<body>
</body>
</html>
```

程序名称：display.asp

```
<%@LANGUAGE="VBSCRIPT" CODEPAGE="65001"%>
<!DOCTYPE html PUBLIC "-//W3C//DTD XHTML 1.0 Transitional//EN"
"http://www.w3.org/TR/xhtml1/DTD/xhtml1-transitional.dtd">
<html xmlns="http://www.w3.org/1999/xhtml">
<head>
<meta http-equiv="Content-Type" content="text/html; charset=utf-8" />
<meta http-equiv="refresh" content= "2;url=display.asp">
<SCRIPT LANGUAGE="JavaScript">
function scrollWindow()
{
    this.scroll(0,65000)
    setTimeout('scrollWindow()',200)
}
scrollWindow()
</SCRIPT>
<title>信息显示页面</title>
</head>

<body>
    <%
```

```
            Response.Write(Application("talk"))
    %>
</body>
</html>
```

代码注释:

content= "2;url=display.asp": 每 2 秒调用一次 display.asp

setTimeout('scrollWindow()',200): 在设定时间后执行动作垂直滚动

程序名称: UserMess.asp

```
<%@LANGUAGE="VBSCRIPT" CODEPAGE="65001"%>
<!DOCTYPE html PUBLIC "-//W3C//DTD XHTML 1.0 Transitional//EN"
"http://www.w3.org/TR/xhtml1/DTD/xhtml1-transitional.dtd">
<html xmlns="http://www.w3.org/1999/xhtml">
<head>
<meta http-equiv="Content-Type" content="text/html; charset=utf-8" />
<title>信息输入页面</title>
</head>
    <form action="UserMess.asp" method="post">
    <input type="text" name="userMess" />
        <input type="submit" value="提交" />
    </form>
    <%
        UserWords = Request("userMess")
        oneSentence = "网友" & Session("UName")
        oneSentence = oneSentence & "说:" & UserWords
        Application.Lock()
        Application("talk") = Application("talk") & oneSentence & "<br>"
        Application.UnLock()
    %>
<body>
</body>
</html>
```

代码注释:

Application.Lock(): 锁定 Application 对象,防止被其他用户访问

Application.Unlock(): 解除锁定,可以接受用户访问

本 章 小 结

VBScript 是 ASP 的编程基础,本章需要重点理解 VBScript 的基本语法及相关方法的使用。

课 后 习 题

一、编程题

1. 使用 VBScript 输出字符串 "我的第一个 ASP 程序!"。

2. 编写代码，求 1~100 之间所有偶数之和。

二、问答题

1. 什么是 Session，功能是什么？

2. Application 有哪两个重要方法？

第 10 章　ADO 数据访问接口

教学提示：数据库访问及控制是 ASP 的高级操作部分。本章将重点介绍如何在 ASP 程序中使用 ADO 对象，同时还将介绍如何使用 ASP 访问 SQL Server 数据库。

教学内容：了解 ADO 及操作过程；常用对象的功能与属性；ADO 代码编写过程。

10.1　什么是 ADO

ADO（ActiveX Data Objects）是一个用于存取数据源的 COM 组件。它提供了编程语言和统一数据访问方式 OLE DB 的一个中间层。它允许开发人员编写访问数据的代码而不用关心数据库是如何实现的，只关心到数据库的连接即可。访问数据库的时候，关于 SQL 的知识不是必要的，但是特定数据库支持的 SQL 命令仍可以通过 ADO 中的命令对象来执行。

10.2　ADO 的操作过程

一般而言 ADO 的操作过程主要有以下 5 步。

（1）建立数据源连接。

（2）根据要招待的操作指定访问数据源的命令，通常使用 Command 对象。

（3）执行指定的命令，如添加、删除、更新和查找等。

（4）将执行的结果以一定形式返回，如以表格形式返回到客户端。

（5）提供常规方法检测错误（Error 对象），如在运行时出现错误，则显示错误信息。

10.3　ADO 常用对象及功能

ADO 常用对象如表 10.1 所示。

表 10.1　ADO 常用对象

对 象 名 称	功　　能
连接（Connection）	表示数据源和 ADO 接口之间的连接
命令（Command）	表示一个提交给数据源的命令
记录集（Recordset）	包含数据的游标，可以完成多种操作
字段（Field）	表示 RecordSet 对象中的某一列数据，该接口允许改变数据和得到字段的属性信息
错误（Error）	用于检测和判断在数据库操作中所出现的错误
参数（Parameter）	表示传递给 Command 的参数

10.3.1　Connection 数据对象

Conndetion 数据对象及功能如表 10.2 所示。

表 10.2　Conndetion 数据对象及功能

属性/方法	功　能
ConnectionTimeout 属性	设置连接时，该连接所需等待的持续时间（以秒为单位）
Open() 方法	打开数据库连接
Close() 方法	关闭数据库连接
BeginTrans() 方法	开始事务处理
CommitTrans() 方法	提交事务处理
RollbackTrans() 方法	取消事务处理

10.3.2　Command 对象

Command 对象及功能如表 10.3 所示。

表 10.3　Command 对象及功能

属性/方法	功　能
ActiveConnection 属性	用来指定当前 Command 对象所属的 Connection 对象，即指定 Command 对象属于哪个数据库连接
CommandText 属性	设置或返回 Command 对象的文本，默认值为""（零长度字符串）
CommandTimeout 属性	用来指示在终止尝试和产生错误之前执行命令期间需等待的时间
CommandType 属性	用来指示 Command 对象的类型，优化数据提供者的执行速度
Prepared 属性	用来指示执行前是否保存命令的编译版本
State 属性	该属性是只读的，其返回值可对应所有可应用对象，说明其对象状态是打开的还是关闭的
Execute 方法	对数据源执行 SQL 语句。主要用于执行在 CommandText 属性中指定的查询、SQL 语句或存储过程
CreateParameter 方法	使用指定属性创建新的 Parameter 对象
Cancel 方法	用来取消执行挂起的异步 Execute 或 Open 方法的调用

10.3.3　Close 方法

打开一个与数据库的连接后，应尽快使用 Close 方法关闭连接，释放资源。

使用 Close 方法可关闭 Connection 对象或 Recordset 对象，以便释放所有关联的系统资源。关闭对象并非将它从内存中删除，用户可以更改它的属性设置，并且在此后再次打开。如需将对象从内存中完全删除，可将对象变量设置为 Nothing。

10.3.4　RecordSet 对象

RecordSet 对象用于检索和显示数据库中的记录集。

使用 Connection 对象的 Execute 方法，可以返回查询结果记录集。

定义 RecordSet 对象：

Set rs = Server.CreateObject("ADODB.Recordset")

语法：

Recordset.fields(field name)或 Recordset.fields(index)

字段索引从零开始。

Fields 集合的 Count 属性存储 RecordSet 中字段的数量，name 属性存储字段的名称，value 属性存储字段的值。

例如：

rs.Fields("Str_Name")
rs.Fields(2)

常用方法如表 10.4 所示。

表 10.4　常用属性方法及说明

属性/方法	说　　明
BOF 属性	标志着记录集的开始，若当前记录位置在第一个记录前则值为 True
EOF 属性	标志着记录集的结束，若当前记录位置在最后一个记录后则值为 True
RECORDCOUNT 属性	返回记录集的记录总数
MoveNext 方法	移至当前目录的下一条记录
MovePrevious 方法	移至当前目录的上一条记录
Move 方法	将记录指针移到指定位置
MoveFirst 方法	将记录指针移到第一条记录处
MoveLast 方法	将记录指针移到最后一条记录处

10.3.5　游标（cursor）

游标是数据集合内某一工作行的指针。一般包含以下两部分。

（1）游标结果集：由定义该游标的 Select 语句返回的行的集合。

（2）游标位置：指向结果集合中某一行的当前指针。

RecordSet 的游标类型及说明如表 10.5 所示。

表 10.5　RecordSet 游标类型及说明

游 标 类 型	ADO 常量	说　　明
前移游标	adOpenForwardOnly	只允许向前移动
键盘驱动游标	adOpenKeySet	可看到其他用户所做的部分数据更改

续表

游标类型	ADO 常量	说　明
动态游标	adOpenDynamic	可看到其他用户所做的所有数据更改
静态游标	adOpenStatic	提供记录集的静态副本。看不到其他人的更改

10.4 综合训练

本节为访问 SQL Server 的综合案例。本案例数据库名 Student，表名 StudentTable，表结构及内容如图 10.1 所示。

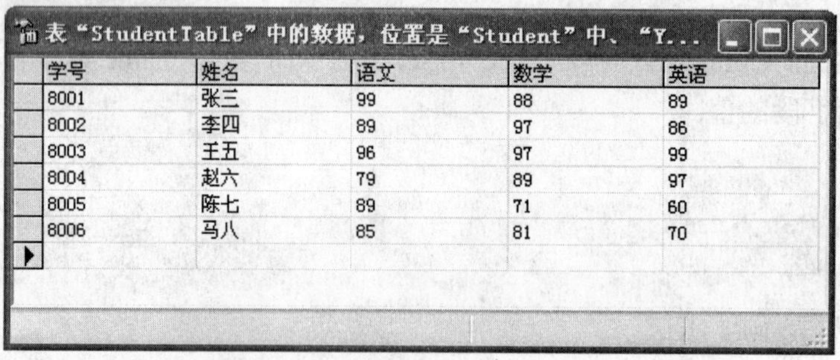
表"StudentTable"中的数据，位置是"Student"中、"Y...

学号	姓名	语文	数学	英语
8001	张三	99	88	89
8002	李四	89	97	86
8003	王五	96	97	99
8004	赵六	79	89	97
8005	陈七	89	71	60
8006	马八	85	81	70

图 10.1　StudentTable 表结构及内容

程序名称：10-1.asp

```
<html>
<head>
      <title>测试 SQL Server 连接</title>
</head>
<body>
      <%
            strConn="driver={SQL Server};database=Student;Server=localhost;uid=sa;pwd="
            set Conn=Server.CreateObject("ADODB.Connection")
            Conn.Open(strConn)
            set rs=Conn.Execute("SELECT * FROM StudentTable")
            for i=0 to rs.Fields.Count-1
                  Response.Write(rs(i).Name+"<br>")
            Next
      %>
</body>
</html>
```

程序运行结果：

1. 利用 Execute 方法建立 RecordSet 对象访问 SQL Server 数据库

具体步骤如下。

（1）建立 Connection 对象。

    set Conn=Server.CreateObject("ADODB.Connection")

（2）使用 Connection 对象的 Open()方法建立数据库连接。

    Conn.Open(strConn="driver={SQL Server};database=数据库名;Server=服务器名;uid=sa;pwd=")

（3）使用 Connection 对象的 Exceute 方法执行 SQL 语句。

    set rs=Conn.Execute("SQL 查询语句")或 Conn.Execute("SQL 操控语句")

程序名称：11-2.asp

```
<html>
<head>
    <title>显示表内容</title>
</head>
<body>
    <%
        strConn="driver={SQL Server};database=Student;Server=localhost;uid=sa;pwd="
        set Conn=Server.CreateObject("ADODB.Connection")
        Conn.Open(strConn)
        set rs=Conn.Execute("SELECT * FROM StudentTable")
        rstotab(rs)
        Conn.close()
    %>
    <%
        Function rstotab(rs)
        Response.Write("<table border=1>")
        Response.Write("<tr>")
        for i=0 to rs.Fields.Count-1
            Response.Write("<th>"&rs(i).Name&"</th>")
        Next
```

```
            Response.Write("</tr>")

            rs.MoveFirst()
            while not rs.EOF
                Row="<tr align=center>"
                for i=0 to rs.Fields.Count-1
                    Row=Row&"<td>"&rs(i)&"</td>"
                next
                Response.Write(Row&"</tr>")
                rs.MoveNext()
            Wend
            End Function
        %>
    </body>
    </html>
```

程序运行结果：

2. 利用 RecordSet 打开并访问 SQL Server 数据库

具体步骤如下：

（1）建立 Connection 对象。

```
set Conn=Server.CreateObject("ADODB.Connection")
```

（2）使用 Connection 对象的 Open()方法建立数据库连接。

```
Conn.Open(strConn="driver={SQL Server};database=数据库名;Server=服务器名;uid=sa;pwd=")
```

（3）建立 RecordSet 对象。

```
Set rs=Server.CreateObject("ADODB.Recordset")
```

（4）利用 RecordSet 对象的 Open()方法打开数据库。

```
rs.Open "SQL 语句",conn,打开方式,锁定方式
```

程序名称：10-3-A.asp

```
<%
    strDriver="driver={SQL Server};database=Student;server=localhost;uid=sa;pwd="
    strSql = "SELECT * FROM StudentTable"
    set conn = Server.CreateObject("ADODB.Connection")
    Conn.Open(strDriver)
    set rs = Server.CreateObject("ADODB.Recordset")
    rs.Open strSql, conn, 3
    rs.PageSize = 5
    if Request("page") <> "" then
        p = Cint(Request("page"))
        if p < 1 then      p = 1
        if p > rs.PageCount then p = rs.PageCount
    else
        p = 1
    end if
    Response.Write("当前第" & p & "页，共" & rs.PageCount & "页")
    rs.AbsolutePage = p

%>
<table cellpadding="1" bordercolor="black" border="1">
<tr style="background-color:#8A92FA;">
    <th>学号</th><th>姓名</th><th>语文</th><th>数学</th><th>英语</th>
</tr>
<%
for i = 0 to rs.PageSize-1
    if rs.EOF OR rs.BOF then exit for
        if      i Mod 2 = 1 then
        Response.Write("<tr style='background-color:#616CFC;'>")
        else
        Response.Write("<tr>")
        end if
        Response.Write("<td>" & rs("学号") & "</td>")
%>
    <td><a href='11-3-B.asp?Sid=<%=rs("学号")%>' target='_blank'>
        <%=rs("姓名")%></a></td>
<%
        Response.Write("<td>" & rs("语文") & "</td>")
        Response.Write("<td>" & rs("数学") & "</td>")
        Response.Write("<td>" & rs("英语") & "</td>")
        Response.Write("</tr>")
        rs.movenext()
Next
```

```
%>
</table>
<br>
<%
if p <> 1 then    %>
    <a href="11-3-A.asp?page=1">第一页</a>
    <a href="11-3-A.asp?page=<%=p - 1 %>">上一页</a>
<%    end if
    if p <> rs.PageCount then    %>
<a href="11-3-A.asp?page=<%=p+1%>">下一页</a>
<a href="11-3-A.asp?page=<%=rs.pageCount%>">最后页</a>
<%    end if
    conn.close()
%>
```

程序名称：11-3-B.asp

```
<%
    strNo = Request("Sid")
    set conn = Server.CreateObject("ADODB.Connection")
    Conn.Open("driver={SQL Server};database=Student;server=localhost;uid=sa;pwd=")
    strSQL = "select * from grade where 学号=" & strNo
    set rs = conn.Execute(strSQL)
%>
<html>
<body>
    <h1>姓名：<%=rs("姓名")%></h1>
    成绩：<br>
    语文=<%=rs("语文")%><br>
    数学= <%=rs("数学")%><br>
    英语=<%=rs("英语")%><br>
</body>
</html>
```

程序运行结果：

本 章 小 结

本章重点讲述了 ADO 数据库访问中的游标、Connection、Command、Recordset 对象，以及 SQL Server 数据库的访问。读者应对以上对象及案例熟练掌握。

课 后 习 题

一、问答题

1. 如何建立 SQL Server 数据库连接？
2. 什么是游标，并举例说明。
3. Connection 对象提供了哪些常用方法？

第 11 章　新闻发布系统

新闻发布系统在因特网中应用比较广泛，本章重点介绍如何使用 ASP+Access 数据库技术开发该系统。学习完本章后，读者可对使用 ASP 技术开发新闻发布系统有一个较详细的认识。

11.1　新闻发布系统概述

本案例可实现对信息的添加、修改，并显示详细新闻内容，在新添加的信息处还可加上 new 标识。

11.2　系统总体设计

11.2.1　数据库设计

在本系统中使用了 Access 数据库，数据库名及表名均为 News。

如表 11.1 所示为新闻发布系统的表结构。

表 11.1　新闻发布系统表结构

字　段　名	类　　型	说　　明
ID	自动编号	唯一标识
title	文本	标题
type	数字	类型
content	备注	新闻内容
times	日期/时间	发布时间
keyw	文本	用于标识相关新闻
write	文本	发布人

11.2.2　界面设计

index.asp：为主页面，主要用于显示信息、标题、作者、日期和时间，如图 11.1 所示。

addNews.asp：添加新闻页，如图 11.2 所示。

editNews.asp：编辑新闻页，如图 11.3 所示。

lookNews.asp：查看新闻中全部内容，如图 11.4 所示。

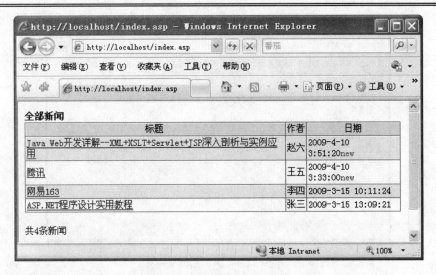

图 11.1　新闻发布系统首页

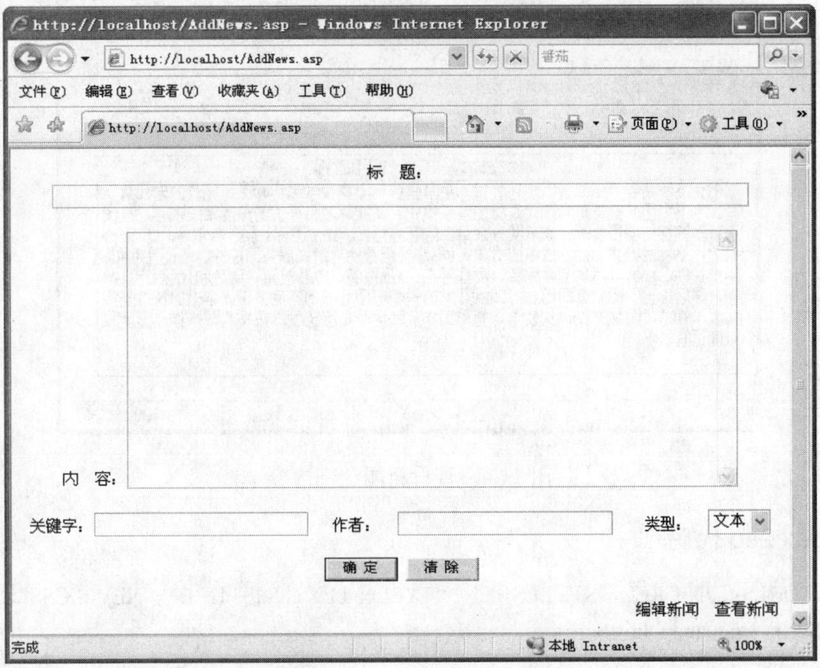

图 11.2　添加新闻页

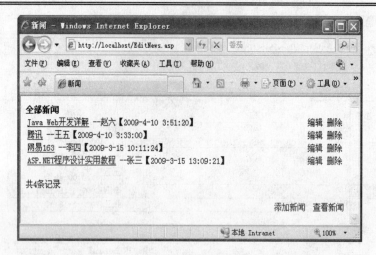

图 11.3 编辑新闻页

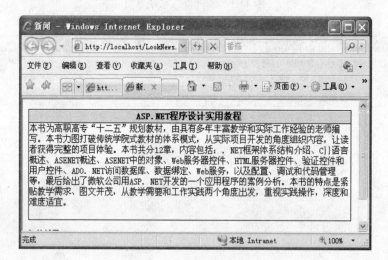

图 11.4 查看新闻全部内容

1. index.asp 代码

```
<HTML><LINK REL="STYLESHEET" TYPE="TEXT/CSS" HREF="NEWS.CSS">
<Script language="JavaScript">
//打开新窗口函数 NewsWindow
function NewsWindow(id)
{
    window.open('LookNews.asp?id='+id,'infoWin',
'height=400,width=600,scrollbars=yes,resizable=yes');
}
</Script>
</HEAD><BODY>
<%
set conn=server.createobject("ADODB.CONNECTION")
```

```
conn.open "DBQ=" & server.mappath("news.mdb") &_
    ";DRIVER={Microsoft Access Driver (*.mdb)};"
set rs = server.createobject("ADODB.RECORDSET")
sql = "SELECT * FROM news ORDER BY ID DESC"
rs.open sql,conn,1,1
If rs.eof and rs.bof then
    response.write "<p>目前还没有任何新闻</p>"
Else
%>
<P><STRONG>所有新闻</STRONG><TABLE BORDER=1 BORDERCOLORDARK=#FFFFEC
BORDERCOLORLIGHT=#5E5E00 CELLPADDING=1 CELLSPACING=0 WIDTH="100%">
<TR  BGCOLOR=CCCCCC  ALIGN=CENTER><TD>标题</TD><TD>作者</TD><TD>日期
</TD></TR>
    <%
        cc = 1
        '当前页
        if not isempty(request("page")) then
            pagecount=cint(request("page"))
        else
            pagecount=1
        end if
        rs.PageSize=10
        rs.AbsolutePage=pagecount
For iPage = 1 To rs.PageSize
    If rs.EOF Then Exit For
'单双行以不同颜色显示
    if cc mod 2=1 then
        Response.Write "<tr bgcolor=#E7E7E7>"
    else
        Response.Write "<tr BGCOLOR=#F4F4F4>"
    end if
%>
<td><a href="javascript:NewsWindow(<%=rs("ID")%>)"><u><%=rs("title")%></u></a></td>
<td><%=rs("write")%>    </td><td><%=rs("times")%>
<%
'在当天的新闻上，添加 new 标记
if DateDiff("d",rs("times"),date())<1 then Response.Write "<font color=ff0000>new</font>"
    Response.Write "</td></tr>"
    cc = cc + 1
    rs.movenext
Next
Response.Write "</table><p>共"&rs.recordcount&"条新闻"
if rs.PageCount>1 Then
    If pagecount<>1 Then
```

```
            Response.Write "<a href=default.asp?Page=1><img src=/image/first.gif border=0 alt=首页
></a>"
                Response.Write "<a href=default.asp?Page="&(pagecount-1)&"><img src=/image/pre.gif
border=0 alt=前页></a>"
        End If
        If pagecount<>rs.PageCount Then
                Response.Write "<a href=default.asp?Page="&(pagecount+1)&"><img src=/image/next.gif
border=0 alt=后页></a>"
                Response.Write "<a href=default.asp?Page="&rs.PageCount&"><img src=/image/last.gif
border=0 alt=尾页></a>"
            End If
        End If
        end if
        rs.close
        conn.close
    %>
    <p align=center><a href="EditNews.asp">编辑新闻</a>
```

2. editNews.asp

```
    <link rel="stylesheet" type="text/css" href="news.css">
    <%
    'id 是隐藏标记，用于判断是首次进入页面，还是提交到该页面
    id=Request("id")

    '若 title 不为空，则添加记录
    if Request.form("title")<>"" then
        set conn=server.createobject("ADODB.CONNECTION")
        conn.open    "DBQ="+server.mappath("news.mdb")+";DRIVER={Microsoft    Access    Driver
(*.mdb)};"
        title=Trim(request.form("title"))
        sql="select * from news where "
            if id<>"" then
                sql=sql&"id="&id
            else
                sql=sql&"title='"&title&"'"
            end if
        set rs=Server.CreateObject("ADODB.recordset")
        rs.Open sql,conn,1,3
        if rs.eof or rs.bof then
            rs.addnew
        end if
        rs("title") = Request.form("title")
        rs("content") = Request.form("body")
        rs("type") = Request.form("type")
```

```
        rs("keyw") = Request.form("keyw")
        rs("write") = Request.form("writer")
        rs.Update
        rs.close
        conn.close
        set rs=nothing
        set conn=nothing
    end if

    if id <> "" then
        set conn=server.createobject("ADODB.CONNECTION")
        conn.open    "DBQ="+server.mappath("news.mdb")+";DRIVER={Microsoft    Access    Driver
(*.mdb)};"

        sql="select * from news where id="&id
        set rs=Server.CreateObject("ADODB.recordset")
        rs.Open sql,conn,1,1
        if not rs.eof then
                title1=rs("title")
                content=rs("content")
                keyw=rs("keyw")
                write=rs("write")
        end if
        rs.close
        conn.close
    end if
%>


<form name=form1 method="post" action="newsadd.asp">
    <input value="<%=id%>" type=hidden name=id>
    <P align="center">标    题：<INPUT size=85 name=title value=<%=title1%>></P>
    <P    align="center">    内        容：    <TEXTAREA    cols=73    name=body
rows=15><%=content%></TEXTAREA></P>
    <P align="center">关键字：<INPUT size=25 name=keyw value=<%=keyw%>>
    作者：
    <INPUT size=25 name=writer value=<%=write%>>
    类型：
    <select span style="font-size:10.5pt" name="type">
        <option value="0">文本</option>
        <option value="1">链接</option>
    </select>
    <p align="center">
    <INPUT class=buttonface type=submit value=" 确 定 ">
    <INPUT class=buttonface type=reset value=" 清 除 "></p>
</form>
```

```
<P align="right"><a href="newsedit.asp">编辑新闻</a>    <a href=".">查看新闻</a>
</BODY>
</HTML>.2 AddNews.asp 代码
```

3. lookNews.asp

```
<html>
<head>
<title>新闻</title>
<link rel="stylesheet" type="text/css" href="news.css">
</head>
<%
id=trim(request("id"))
set conn=server.createobject("ADODB.CONNECTION")
conn.open "DBQ="+server.mappath("news.mdb")+";DRIVER={Microsoft Access Driver (*.mdb)};"
set rs=server.createobject("adodb.recordset")
sql="SELECT * from news where ID="&id
rs.open sql,conn,1,1
if rs.eof then
    response.write " ID 号错！ "
    rs.close
    set rs=nothing
    conn.close
    set conn=nothing
    response.end
else%>
    <table    width="100%"    HEIGHT=100%    border="1"    cellspacing="0"    cellpadding="0"
bordercolorlight="#000000" bordercolordark="#FFFFFF">
        <tr bgcolor="#FAD185">
            <td height=20 align=center><b><%=rs("title")%></b></td>
        </tr>
        <tr>
            <td valign=top>
<%'如果 type=0,代表是文本类型信息，若 type=1，代表是链接信息%>
<%if rs("type")=0 then%>
<p><%=replace(rs("content"),chr(13)&chr(10),"<p>")%>
<%else%>
<iframe id=BoardTitle name=newscon style="HEIGHT:100%; VISIBILITY: inherit; WIDTH:100%;
Z-INDEX: 2" scrolling=auto frameborder=0 src="<%=rs("content")%>" ></iframe></td>
<%end if%>
</tr>
</table>
<br><b>相关新闻：</b><ul>
<%
sql="SELECT * from news where ID<>"&id&" and keyw='"&rs("keyw")&"' order by ID desc"
```

```
    rs.close
    rs.open sql,conn,1,1
    do while not rs.eof
%>
    <li><a href=newswind.asp?id=<%=rs("ID")%>><u><%=rs("title")%></u></a>--<%=rs("write")%>
【<%=rs("times")%>】
    <%
    rs.movenext
    loop
    rs.close
    conn.close
    end if
%></ul>
    </html>
```

4.　addNews.asp

```
    <link rel="stylesheet" type="text/css" href="news.css">
    <%
    'id 为一隐藏标记，用于判断是第一次进入页面，还是提交到该页面
    id=Request("id")

    '如果 title 不为空，则添加记录
    if Request.form("title")<>"" then
        set conn=server.createobject("ADODB.CONNECTION")
        conn.open    "DBQ="+server.mappath("news.mdb")+";DRIVER={Microsoft    Access    Driver
(*.mdb)};"
        title=Trim(request.form("title"))
        sql="select * from news where "
            if id<>"" then
                sql=sql&"id="&id
            else
                sql=sql&"title='"&title&"'"
            end if
        set rs=Server.CreateObject("ADODB.recordset")
        rs.Open sql,conn,1,3
        if rs.eof or rs.bof then
            rs.addnew
        end if
        rs("title") = Request.form("title")
        rs("content") = Request.form("body")
        rs("type") = Request.form("type")
        rs("keyw") = Request.form("keyw")
        rs("write") = Request.form("writer")
        rs.Update
```

```
        rs.close
        conn.close
        set rs=nothing
        set conn=nothing
    end if

    if id <> "" then
        set conn=server.createobject("ADODB.CONNECTION")
        conn.open    "DBQ="+server.mappath("news.mdb")+";DRIVER={Microsoft    Access    Driver
(*.mdb)};"
        sql="select * from news where id="&id
        set rs=Server.CreateObject("ADODB.recordset")
        rs.Open sql,conn,1,1
        if not rs.eof then
                title1=rs("title")
                content=rs("content")
                keyw=rs("keyw")
                write=rs("write")
        end if
        rs.close
        conn.close
    end if
%>

<form name=form1 method="post" action="newsadd.asp">
    <input value="<%=id%>" type=hidden name=id>
    <P align="center">标　题：<INPUT size=85 name=title value=<%=title1%>></P>
    <P    align="center">内    容    :    <TEXTAREA    cols=73    name=body
rows=15><%=content%></TEXTAREA></P>
    <P align="center">关键字：<INPUT size=25 name=keyw value=<%=keyw%>>
    作者:
    <INPUT size=25 name=writer value=<%=write%>>
    类型:
    <select span style="font-size:10.5pt" name="type">
        <option value="0">文本</option>
        <option value="1">链接</option>
    </select>
    <p align="center">
    <INPUT class=buttonface type=submit value=" 确 定 ">
    <INPUT class=buttonface type=reset value=" 清 除 "></p>
</form>
<P align="right"><a href="newsedit.asp">编辑新闻</a>　<a href=".">查看新闻</a>
</BODY>
</HTML>
```

本 章 小 结

本章需要重点理解新闻发布系统的数据库设计和程序设计。读者可根据需要增加功能。

课 后 习 题

一、操作题

1. 将 Access 版新闻发布系统修改为 SQL Server 版本。

参 考 文 献

［1］美国 Adobe 公司. Adobe Dreamweaver CS3 中文版经典教程. 陈红军，冯晓艳，译. 北京：人民邮电出版社，2008.

［2］谭贞军，刘斌. 中文版 Dreamweaver+Flash+Photoshop 网页制作从入门到精通. CS3 版. 北京：清华大学出版社，2008.

［3］陈益材，朱文军. 感受精彩——Dreamweaver CS3+ASP 网站建设实例详解. 北京：人民邮电出版社，2008.

［4］锐博科技. Dreamweaver CS3 从入门到精通. 北京：中国青年出版社，2008.

［5］陆玉柱. 中文版 Dreamweaver CS3 网页制作宝典. 北京：电子工业出版社，2008.

［6］朱印宏，袁衍明. Dreamweaver CS3 完美网页设计——技术入门篇. 北京：中国电力出版社，2008.

［7］孙东梅. 完全手册：Dreamweaver CS3 网页设计与网站建设详解. 北京：电子工业出版社，2008.

［8］Adobe Dreamweaver CS4 用户手册（http://help.adobe.com/zh_CN/Dreamweaver/10.0_Using/index.html）.

［9］Sue Jenkins. Dreamweaver CS4 All-in-One For Dummies.

［10］James Williamson. Dreamweaver CS4 Essential Training.

［11］缪亮. Dreamweaver CS3 基础与实例教程（培训专家）. 北京：电子工业出版社，2008.

［12］王蓓. 中文版 Dreamweaver CS3 网页制作实用教程. 北京：清华大学出版社，2009.

《Dreamweaver CS4 动态网页制作实用教程》读者意见反馈表

尊敬的读者：

感谢您购买本书。为了能为您提供更优秀的教材，请您抽出宝贵的时间，将您的意见以下表的方式（可从 http://www.huaxin.edu.cn 下载本调查表）及时告知我们，以改进我们的服务。对采用您的意见进行修订的教材，我们将在该书的前言中进行说明并赠送您样书。

姓名：_____　　电话：_____

职业：_____　　E-mail：_____

邮编：_____　　通信地址：_____

1. 您对本书的总体看法是：
   □很满意　　□比较满意　　□尚可　　□不太满意　　□不满意

2. 您对本书的结构（章节）：□满意　□不满意　　改进意见_____
   _____
   _____

3. 您对本书的例题：　　□满意　　□不满意　　改进意见_____
   _____
   _____

4. 您对本书的习题：　　□满意　　□不满意　　改进意见_____
   _____
   _____

5. 您对本书的实训：　　□满意　　□不满意　　改进意见_____
   _____
   _____

6. 您对本书其他的改进意见：
   _____
   _____
   _____
   _____

7. 您感兴趣或希望增加的教材选题是：
   _____
   _____
   _____

请寄：100036　北京市万寿路 173 信箱高等职业教育分社　收

电话：010-88254565　　　E-mail：gaozhi@phei.com.cn